生活因阅读而精彩

生活因阅读而精彩

尘心，悠然而渡：
在浮嚣世界从容于心淡定于行

梁若冰／著

中国华侨出版社

图书在版编目(CIP)数据

尘心,悠然而渡:在浮嚣世界从容于心淡定于行 / 梁若冰著.
—北京:中国华侨出版社,2013.10
　　ISBN 978-7-5113-4196-9

　　Ⅰ.①尘…　Ⅱ.①梁…　Ⅲ.①人生哲学–通俗读物
Ⅳ.①B821-49

中国版本图书馆 CIP 数据核字(2013)第255209号

尘心,悠然而渡:在浮嚣世界从容于心淡定于行

| 著　　　者 / 梁若冰
| 责任编辑 / 文　喆
| 责任校对 / 李向荣
| 经　　　销 / 新华书店
| 开　　　本 / 787 毫米×1092 毫米　1/16　印张/17　字数/200 千字
| 印　　　刷 / 北京溢漾印刷有限公司
| 版　　　次 / 2013 年 12 月第 1 版　2013 年 12 月第 1 次印刷
| 书　　　号 / ISBN 978-7-5113-4196-9
| 定　　　价 / 32.00 元

中国华侨出版社　北京市朝阳区静安里 26 号通成达大厦 3 层　邮编:100028
法律顾问:陈鹰律师事务所
编辑部:(010)64443056　　64443979
发行部:(010)64443051　　传真:(010)64439708
网址:www.oveaschin.com
E-mail:oveaschin@sina.com

前言

在这喧嚣的尘世，车水马龙，人来人往，你是否备感孤独寂寥、焦虑而恐惧？是否总是期期艾艾、患得患失？是否曾被物欲、名利蒙蔽了双眼？我们都是凡尘俗子，难免有凡尘之心，名利之念。"纵有旧游君莫忆，尘心起即堕人间！"一生流连，跌跌撞撞，如何在喧嚣尘世悠然而渡，尘心不染？唯有让心灵栖息于一片净土之中，方能过得洒脱睿智。

人生路漫漫，犹如梦长，亦如梦短。快乐与不幸，不过是过眼烟云，终究消散。滚滚红尘中，要抛却万千烦恼，不为人事纠纷而烦忧，不为虚名权力而追求，做智者，做一个幸福快乐的人。

因为懂得，所以慈悲。用宽容慈悲之心看世间万物，用平和内敛之情待人处世，坐亦禅，行亦禅，飘于世，归于尘。拭去浮尘，拥慈悲入怀，一花一世界，一叶一如来，春来花自青，秋至叶飘零。

为心灵觅一处安静祥和的居所，从从容容，平平淡淡，不争不怒，不悲不喜，不惊不扰，不怨不嗔，而后才能在心灵的国度恣意翱翔。安心，是一种心理状态，是一种生活智慧，也是一种生命觉悟。心净国土净，心安众生安，心平天下平。心不安宁，整个世界都不安定；心若安了，一切都归于宁静。

本书共三辑，深入浅出地诠释了安心之道，以人生、情缘、心境为切入点，层次分明，能让那些内心孤独迷惘、矛盾痛苦、失落压抑、焦虑恐惧的人在浮嚣的世界中，从容于心，淡定于行，一颗尘心，便悠然而渡。

目录

第一辑
岁月悠悠,枯荣有时:
智者,行云流水看人生

人世繁华,劲浪不止。叶生叶落,枯荣有时。人生苦涩无人问,笑看人生一世终。身处浮世,智者无暇伤春悲秋,而以包容心看万物,以平和心待世人,心态平和、内心宁静,行云流水、快意自适。

第1章 守住宁静,让一切归于心境

① 一念静心,花开遍世界	002
② 心镜如水清澈,不染纤尘	006
③ 花自开落,草自枯荣	010
④ 若能随缘,故得自在	014
⑤ 静享一场生命的花开盛宴	019
⑥ 清心若水,不争自宁	023
⑦ 莫把真心空计较	026

第2章　人生留白，残缺亦是一种美

    ① 不完美，才是人生　　030

    ② 即使残缺，也行如流水　　034

    ③ 阴晴圆缺，自古难全　　038

    ④ 不能执手，便相忘江湖　　042

    ⑤ 错过，最深刻的痛苦　　046

    ⑥ 让人生留白，从此安然　　049

第3章　淡泊名利，既无风雨也无晴

    ① 平淡如水蕴藏绝世真情　　053

    ② 平凡生活，花香满心　　057

    ③ 完成一株花的使命　　061

    ④ 人淡，素心若莲　　065

    ⑤ 一分惬意，一分精致　　069

    ⑥ 幸福在那一刻绽放　　073

    ⑦ 淡去痛苦，下一站就是幸福　　077

    ⑧ 把梦想的种子埋进心里　　081

第二辑
万法自然，禅在当下：
幸福者，一池落花两样情

　　缘起即灭，缘生已空。万法自然，把握当下。闲看庭前花开，漫望天上云卷，笑看人生起伏，成败得失随风，恩怨情仇随缘。做一个幸福的人，身系当下，不虚度年华，心暖到底，花开半夏。

第4章　安心当下，如是心如是生活

1. 千年等待，只为花开　　　　　　　　086
2. 人生可以回头，不能转身　　　　　　090
3. 别让明天的烦恼锁住眉心　　　　　　093
4. 不再继续虚无缥缈的期盼　　　　　　097
5. 禅在当下，愿此刻安然　　　　　　　100
6. 人生不能保存，让生命绽放光华　　　105
7. 生命从不卑微　　　　　　　　　　　108

第5章 爱如花开，相遇绝非为生气

- ① 真情于苦难中相见　　112
- ② 父母之爱，那么隽永悠长　　116
- ③ 用相知相守，换地久天长　　120
- ④ 爱，是神奇的东西　　123
- ⑤ 爱自己多一点点　　127
- ⑥ 为善，心的幸福之源　　130

第6章 心无挂碍，平常之心方自在

- ① 欢乐忧苦参半　　135
- ② 在磨难中溢出清香　　139
- ③ 寂寞里开出的花朵　　143
- ④ 那令人心碎的坚强　　147
- ⑤ 离挖到水咫尺之遥　　151
- ⑥ 敢于负重的生命　　155

第三辑
你若盛开，清风自来：
快活者，境随心转自安然

得之泰然，失之淡然，争其必然，顺其自然，境由心生，境随心转。境，无所不在。快活者，本心清净，地狱也成了乐土；悲伤者，内心烦忧，天堂也成了地狱。做一个快活者，天下烦扰，乐观待之；心外之事，安然处之。

第7章　清凉无忧，身心恬淡沐春风

①	安心地享用你的咖啡	160
②	最是那一低头的温柔	164
③	不要等山穷水尽，才转弯	168
④	莫让怒气蒙蔽了心灵	172
⑤	一个不抱怨的世界	176
⑥	甘心做一个"傻瓜"	180
⑦	枯井中的驴子	184
⑧	一切烦忧如冰雪消融	188

第8章 若无闲事，天天便是好时节

- ① 阴晴都只一瞬　　192
- ② 幸与不幸　　196
- ③ 一切都会很好　　201
- ④ 微笑，微笑　　205
- ⑤ 用黑色的眼睛寻找光明　　209
- ⑥ 放不下，就要背着伤痛　　213
- ⑦ 给生活加一点盐　　216
- ⑧ 一念之转，改变处境　　220
- ⑨ 盛放你心中的紫罗兰　　224

第9章 淡然于心，不悲不喜自从容

- ① 清者自清，以忍灭嗔　　228
- ② 守护甜心，抛弃仇恨　　232
- ③ 一半为生存，一半为攀比　　236
- ④ 百合，玫瑰　　240
- ⑤ 站出独特的姿态　　244
- ⑥ 内心淡然而定，坦然自若　　248
- ⑦ 你就是最好的　　252
- ⑧ 追逐自己的尾巴　　256

第一辑　岁月悠悠，枯荣有时
智者，行云流水看人生

人世繁华，劲浪不止。叶生叶落，枯荣有时。人生苦涩无人问，笑看人生一世终。身处浮世，智者无暇伤春悲秋，而以包容心看万物，以平和心待世人，心态平和、内心宁静，行云流水、快意自适。

第1章
守住宁静,让一切归于心境

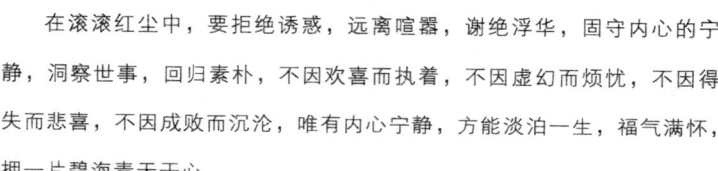

  在滚滚红尘中,要拒绝诱惑,远离喧嚣,谢绝浮华,固守内心的宁静,洞察世事,回归素朴,不因欢喜而执着,不因虚幻而烦忧,不因得失而悲喜,不因成败而沉沦,唯有内心宁静,方能淡泊一生,福气满怀,拥一片碧海青天于心。

1 一念静心,花开遍世界

  心静,如空谷幽兰,花开自有清香在。

  一位心理专家曾问过无数人:"什么是人生美事?"人们大都列出一张清单:权力、美貌、健康、才华、爱情、财富……心理专家摇摇头,开出一剂"良药"——保持心灵的宁静,并叮嘱道:"没有它,上述种种都会给你带来极大的痛苦!"

当今社会压力重，诱惑多，人需要修养，需要宁静，心是最大的净土。如果没有良好的心态，就会终日为生计奔忙，加重生命的负担，加速心灵的浮躁，终使自己心力交瘁、迷惘躁动，而与豁达康乐无缘。

俗话说，世上本无枷，心锁困住人。检查一下生活，相信会发现许多例证：没有恋人想恋人，结婚以后吵闹甚至要离婚；没有子女想子女，有了子女累老人；没有权力想权力，有了权力宠辱皆惊；没有钱想钱，钱多了又担心……这样下去，何来安然可言？这方面的例子不胜枚举，而这些痛苦都是自己找的。

慧能是中国禅宗的第六祖，有一次他去广州法性寺，值印宗法师讲《涅槃经》，有幡被风吹动，因有二僧辩论风幡，一个说风动，一个说幡动，争论不已，慧能便插口说："不是风动，不是幡动，仁者心动。"这个典故深刻地点明了万物皆空无、一切唯心造的哲理。也就是说，心静，周围乱也变静；心乱，周围静也乱。

世间万物皆有心，天有天心，天心静，则万籁俱寂，幽然而静美；人有人心，人心静，则心若碧潭，静如清泉……我们的"心"时时刻刻受到外部世界的冲击，若想做智慧之人，过行云流水的生活，就要使心安住于平静的状态，从而不向外追逐。心静是心安的起点，一念心清净，处处莲花开。

一天天气酷热，诗人白居易前往拜访恒寂禅师，却见恒寂禅师在房间

第一辑 岁月悠悠，枯荣有时
智者，行云流水看人生

内很安静地坐着。白居易就问:"禅师!这里好热哦!怎不换个清凉的地方?"

恒寂禅师说:"我觉得这里很凉快啊!"

白居易深受感动,于是作诗一首:"人人避暑走如狂,独有禅师不出房;非是禅房无热到,为人心静身即凉。"

无论外界如何变幻,让自己的心静一点,再静一点,留给自己一方安宁的晴空,留给自己一隅思索的空间,最容易达到"致虚极,守静笃"的境界,让自己释放和释然,让自己成熟和理智。这种精神修养与心理上的抗干扰能力有着绝对关联,它无法馈赠和积存,只有靠个人修养与定力去体会。

事实上,我们的心本来是自然的、清净的,不造作,不染纤尘,只是被无明的烦恼障蔽后才变得杂乱垢染,念念无常,如同湖面起了波涛。因此,我们需要时常进行自我净化,随时去观照自己的心念,是不是固执己见。如此才能慢慢摆脱我们身心错误的妄执和贪恋。

有一个人是虔诚的佛教信徒,他每天都从自家花园里采撷鲜花到寺院供佛。一天,当他正送花到佛殿时遇到了一位禅师,禅师欣慰地说:"你每天都虔诚地来以香花供佛,依经典的记载,常以香花供佛者,来世当得庄严相貌的福报。"

信徒非常欢喜,问道:"的确,我每天前来寺礼佛时,自觉心灵就像洗涤过似的清凉。但是奇怪的是,我一回到家,心就烦乱了,请问我如何才能在喧嚣的世事中保持一颗清净纯洁的心呢？"

"你每日以鲜花献佛，相信你对花草会有一些常识。那么，我想请问，花朵如何保持新鲜呢？"禅师反问道。

"这是一个很简单的道理啊"，信徒答道，"保持花朵新鲜的方法莫过于每天换水，并且在换水时把花梗剪去一截，因花梗的一端在水里容易腐烂，腐烂之后水分不易被吸收，就容易凋谢！"

禅师道："保持一颗清净的心其道理也是一样，我们的生活环境像瓶里的水，我们就是花。唯有心静一点，不断地忏悔和检讨，改进陋习和缺点，不停地净化身心，我们才能不断吸收到大自然的食粮。"

心静，是生活的一种思考，是人生的一种境界，更是安心的必要智慧。

在竞争激烈的现代社会，很多人忙忙碌碌，几乎没有一分钟是清静的、清闲的，曾几何时我们感叹：工作太忙了、事情太多了、应酬太多了，难得有几天清静的日子。如此看来，保持一颗清静之心就显得尤为重要了。不管外界多么繁乱，内心依旧清净安详，一尘不染，这就是定力。

每天为自己留出十分钟来安静一下，从声色繁华中超脱出来，用智慧随时去观照自己的心念，在宁静中深思和检讨自己。如果你能做到，那么你就将唤醒内心的纯净与宁和，如清淡出尘的莲花一样，淡然绽放，散发出生命的馨香。

2　心镜如水清澈，不染纤尘

尘在外，心在内，常敷之，心净无尘。

《洗心禅》里有这么一个典故。

李翱是唐代思想家、文学家，哲学上受佛教影响颇深，他认为人性天生为善，非常向往药山禅师的德行，他在担任朗州太守时曾多次邀请药山禅师下山参禅论道，均被拒绝，所以李翱只得亲自登门造访。那天药山禅师正在山边树下看经，虽然是太守亲自来拜访自己，但他毫无起迎之意，对李翱不理不睬。

见此情景，李翱愤然道："见面不如闻名！"便拂袖而出。这时，药山禅师冷冷地说道："太守怎么能贵耳贱目呢！"一句话使得李翱为之所动，遂转身礼拜，一番攀谈后请教"什么是道"，药山禅师伸出手指，指上指下，然后问："懂吗？"李翱道："不懂。"药山禅师解释说："云在青天，水在瓶！"

"云在青天，水在瓶"，药山禅师短短的七个字蕴含着两层意思：一是说，云在天空，水在瓶中，这是事物的本来面貌，没有什么特别的地方。只要领会事物的本质、悟见自己的本来面目，也就明白什么是道了；二是说，瓶中之水好比人心，如果你能够保持清净不染，心就像水一样清澈，不论装在什么瓶中，都能随方就圆，有很强的适应能力，能刚能柔，能大能小，就像青天的白云一样，自由自在。

其实，"云在青天，水在瓶"不能仅仅成为禅师们启发信徒的一句诗偈，它还应该成为我们生活的一种智慧。这是一种淡泊而高远的境界，源于对现实的清醒认识，追求的是沉静和安然，是洞悉人世之后的明智与平和，即保持一种荣辱不惊、物我两忘的平常心，这也是我们现实社会人最难得的精神状态。

的确，在这个个性张扬、追名逐利、浮躁忙乱的现代都市中，不少人心被撩拨得蠢蠢欲动，随之而来的必然是痛苦和烦恼。拥有一颗平常心，对待周围的环境做到"不以物喜，不以己悲"，对待周围的人事做到"宠辱不惊，去留无意"，内心也就获得了平静。

弘一法师俗名李叔同，清光绪年间生于富贵之家，是一位才华横溢的艺术家，是名扬四海的风流才子，他集诗词、书画、篆刻、音乐、戏剧、文学等于一身，在多个领域中开创了中华灿烂文化之先河，用他的弟子、著名漫画家丰子恺的话说："文艺的园地，差不多被他走遍了"……

但正当盛名如日中天，正享荣华之时，李叔同却抛却了一切世俗享受，到虎跑寺削发为僧了，自取法号弘一。出家24年，他的被子、衣物等，一直是出家前置办的，补了又补，一把洋伞则用了30多年。所居房内异常朴素，除了一桌、一橱、一床，别无他物；他持斋甚严，每日早午两餐，过午不食，饭菜极其简单。弘一法师还视钱财如粪土，对于钱财随到随舍，不积私财。除了几位故旧弟子外，他极少接受其他信徒的供养。据说曾经有一次，有人赠给他一副美国出品的白金水晶眼镜。他马上将其拍卖，卖得五百元，把钱送给泉州开元寺购买斋粮。

弘一法师以教印心，以律严身，内外清净，写出了《四分律比丘戒相表记》、《南山律在家备览略篇》等重要著作……他在宗教界声誉日隆，一步一个脚印地步入了高僧之林，成为誉满天下的大师，中国南山律宗第十一代祖师。正因为此，对于李叔同的出家，丰子恺在《我的老师李叔同》一文中所说："李先生的放弃教育与艺术而修佛法，好比出于幽谷，迁于乔木，不是可惜的，正是可庆的。"

前半生享尽了荣华富贵，后半生却剃度为僧。这种变化，在常人看来觉得不可思议，甚至在心理上难以承受，而弘一法师却以平常心淡定自然地完成了转化，坚持修行严谨的律宗，并且做得平心静气，淡然地享受着"绚烂之极归于平淡"的生活，最终收获了人生的极致绚烂。没有一颗对待荣华富贵的平常心，对待人生际遇的平常心，能达到这种"云在青天，水在瓶"的境界吗？

由此可见，以平常心面对一切荣辱不是懦夫的自暴自弃，不是无奈的消极逃避，不是对世事的无所追求，而是人生智慧的升华，是生命境界的觉悟。这需要修行，需要磨炼，一旦我们达到了这种境界，就能在任何场合下，保持最佳的心理状态，充分发挥自己的水平，施展自己的才华，从而实现完满的"自我"。

明朝学者洪应明在《菜根谭》上说："此身常放在闲处，荣辱得失谁能差遣我；此心常安在静中，是非利害谁能瞒昧我。"意思是说，经常把自己的身心放在安闲的环境中，世间所有的荣华富贵和成败得失都无法左右我，经常把自己的身心放在安宁的环境中，人间的功名利禄和是是非非就不能欺骗蒙蔽我了。

的确，现代都市人难免遭到不幸和烦恼的突然袭击，有一些人面对从天而降的灾难，处之泰然，总能使平常和开朗永驻心中；也有一些人面对突变而方寸大乱，甚至一蹶不振，从此浑浑噩噩。为什么受到同样的心理刺激，不同的人会产生如此大的反差呢？原因正在于能否保持一颗平常心，荣辱不惊。

保持一颗平常心，意味着面对凡事不骄不躁，"以出世之心，做入世之事"；保持一颗平常心，意味着压力下收放自如，始终有心情去感受宠辱不惊，花开花落的自在。凡事用一颗平常心去看待，像天空中的浮云与瓶中的水那样，即使不能改变自己的命运，也能将心态调至最佳状态，领悟到生活的真谛。

事事平常，事事不平常。平常心看似平常，实不平常。

3　花自开落，草自枯荣

万事随遇而安，心境亦淡然。

每日奔波在现代都市中，不如意事十有八九。当被不顺心的事情纠缠时，我们很多人会产生郁闷、焦虑、激愤等情绪，心有滞碍，甚至备感无所适从。这时候，与其纠结不休，不如选择顺其自然，顺其自然也许是最好的选择。

花在开谢时随着季节的转换，水在流淌时依据地势的变化，树在摇摆时是顺着风的方向，它们都懂得顺其自然的道理，所以它们是快乐的。让很多事顺其自然，你会发现你的内心会渐渐清朗，思想也会减轻许多负担！

关于顺其自然，有这样一个故事。

三伏天里，禅院的草地成片成片地枯黄了，了无生机，很难看。小和尚看不过去，就对师傅说："师傅，快撒点种子吧！"师傅挥挥手说："不急，等天凉了，随时！"中秋了，师傅买了一包草籽，叫小和尚去播种。

不料，一阵风起，虽然草籽撒下去不少，但也吹走不少。小和尚既着急、又苦恼地说："师傅，好多草籽都被风吹走了。"师傅回答："没关系，被风吹走的都是空的，即便撒下去也发不了芽。担什么心呢？随性！"

草籽撒上了，一群小鸟飞来了，在地上专挑饱满的草籽吃。小和尚急忙把小鸟们都赶走了，然后向师傅报告说："不好了，撒下的草籽都被小鸟吃了！"师傅慢悠悠地说道："没关系，种子多着呢，吃不完，随缘！"

半夜时又来了一阵狂风暴雨，把地上的草籽冲走了。小和尚急匆匆地叫醒师傅："师傅，不好了，草籽被雨水冲走了不少。"师傅只是翻了翻身，淡淡地说道："冲就冲吧，不用着急，草籽冲到哪儿就在那里发芽，随遇！"

过了几天，往日光秃秃的地上冒出了不少嫩草，连没有播种到的地方也有。小和尚高兴地直拍手："师傅，快来看啊，到处都是发芽的小草。"师傅却依然平静，回答："应该是这样吧，随喜！"

本故事中，该师傅讲的"随"，就是指顺其自然。顺其自然是一种顺应天命、随遇而安的人生态度，不抱怨、不躁进、不过度、不强求，悲哀和欢乐就不会占据我们的内心，这有利于我们放松紧绷的心弦，心平气和地看待万千变化。正是由于具备这种智慧，上文中的师傅面对各种变化时会那么从容不迫、镇定自若。

可见，顺其自然并非消极的等待，更不是听从命运的摆布。它更多的

第一辑　岁月悠悠，枯荣有时
智者，行云流水看人生

是指凡事不必刻意强求，保持一种内心上的安定和淡然，心中保持清明，没有妄情、妄念、妄想，让心境平和淡然，顺天而行。一个人若能淡然笃定地掌控自己的内心，无疑会最大限度地发挥主观能动性，因势利导，取得成功。

有一位老主管在自己的岗位上工作了十多年，一天上级领导突然通知他，由于突发的经济危机，他被裁员了。对于他的家人来说，这样的结果是一个极大的打击，于是就四处求人，希望能够帮助他恢复原来的职位。不过，老主管却在自家的小菜园上种上了菜，过起了平民百姓的生活。

他的家人看到这个情形都心急如焚，劝告他说："你这是在干什么呀？工作都没有了，怎么还有心情做些这样的事情啊？"而他却丝毫不在乎地说："事情既然已经发生了，又何必强求改变呢？更何况这样的生活也没有什么不好啊？"

不是放任自流，而是顺势而为，在某种程度上做到了顺势也就等于造了势。水从上而下、从高到低，顺应地势流淌，顺能通之道而流。水似乎没有自己的选择，它只能顺其自然。但这种生存方式，却使它拥有了一份平静之美，而且最终实现了归海的目的。水是如此，人亦如此。

生活不可能是一马平川、一生坦途的，我们只有对生活进行最大程度的认知才能活得快乐，而最好的对策就是"顺其自然"。多一点顺其自然之举，不以物喜不以己悲，保持一种恬淡快乐的心情，保持一种无欲无求、无拘无束、无挂无碍的上好心境，如此就是快乐的人生了！

一个人能否拥有智慧，其关键就是看他能否做到顺其自然。

药山禅师是一个很了不起的智者，他有两个徒弟，一位是云岩，另一位是道悟。

有一天，药山禅师带着云岩和道悟出远门，行到某处的时候，他见一棵树长得很茂盛，而另一棵树却只剩下枯黄的枝叶，便想借机示教，于是便指着两棵树问道："在你们眼中，哪棵树更好？"

"当然是茂盛的那棵树好了"，云岩抢先作答："荣代表着欣欣向荣，是生命的象征。"

"枯的好"，道悟争辩道："枯，万物归天，一切皆空。"

药山禅师笑而不语，这时候，旁边走来一个小沙弥，于是药山禅师又问了问小沙弥，"这树是荣的好，还是枯的好？"只见小沙弥淡然一笑，回答道："荣的任它荣，枯的任它枯。"

好一个"荣的任它荣，枯的任它枯"，小沙弥心底的那份从容、淡定、宁静，显露无疑。无论外界怎样的喧嚣变幻，自己的内心都风平浪静、波澜不惊，这是一种多么绝佳的禅意姿态，更是最高境界。

世人总是觉得生活沉重，但试问有几人真正懂得顺其自然？逃避世间任何发生在自己身上的事，祈求某件痛苦的事不要发生，这只会令人活在恐惧和逃避中。所以，不如将喜与悲看作没有丝毫差别，对所有的缘分都欣然应受，主动面对和承受不幸之事，然后学会如何去驾驭命运，从容如流水。

当一个人能做到凡事不刻意强求，顺其自然地生活时，也就能够淡定自若地笑看潮起潮落，从容不迫地掌控生活。西方哲人蒙田就曾告诫我们："人生最艰难之学，莫过于懂得自自然然过好这一生。"凡事顺其自然、自然而然过好一生，对每个人来说，都是一个既简单又艰深的课题。

4 若能随缘，故得自在

得亦不喜，失亦不忧，如此心安。

身在变幻莫测的都市中，人生际遇跌宕起伏，利益得失交错前行。人心之所以有喜有怨、有爱有恨，纷乱复杂，起伏不定，甚至沉陷于各种情绪的泥淖不能自拔，是由于我们有分别心，太过执着于自己的得失，得之喜，失之忧，不能做到得失从缘，随遇而安。

"风来疏竹，风过而竹不留声；雁过寒潭，雁去而潭不留影。故君子事来而心始现，事去而心随空。"这是古人对随遇而安的解释，意思是说，万事万物到头来都是一场空，所以应当抱有随遇而安的态度，事情来了就尽心去做，事情过后心情要立刻恢复，保持自己的本然真性于不失。

一天，福州罗山道闲禅师去拜会石霜禅师。一番攀谈后，询问："我自认为我内心的灵知灵觉已经出现了，可为何我总被一大堆纷乱的念头束缚住呢？在这种起伏不定的时候，我该如何用心修禅？"

石霜禅师回答说："你最好是正视它，直接把各种念头抛弃掉。"

道闲对这个答案不太满意，便又去请教全豁禅师，问了同样的问题。

全豁禅师轻轻一笑，回答："该止的时候它自然会止，你从缘好了，管它们干什么！"

的确，人生际遇不是个人力量可以左右的，此时与其怨天尤人，徒增苦恼，不如面对现实，随遇而安，因势利导，有也好，无也好，多也好，少也好，甚至光荣也好，侮辱也好，都不要太在意，从已有的条件中尽自己的力量和智慧去发掘新的道路，这才是求得快乐宁静的最好办法。

不计较穷通得失、顺利有无，遇到什么事情都能接受。生活给了什么，就坦然承受什么，这就是得失随缘，随遇而安！随遇而安，能适应各种环境，在任何环境中都能满足，这就寻求到了一种生命的平衡。谁能达到这种境界，谁的生活就美好，谁的生命就有质量，在生活中就能活得自在。

北宋大文学家苏东坡有一首诗，写他在西湖上与友人饮酒遇雨："水光潋滟晴方好，山色空蒙雨亦奇。欲把西湖比西子，淡妆浓抹总相宜。"这对湖光山色的生动描写，不正是大师面对人间拂逆事镇定自若、坦然自适的人生态度的生动写照吗？

苏东坡的一生可谓仕途坎坷，他一再被政敌排挤，几次被贬谪，还差点走上断头台。34岁时，因与王安石意见不合，他被贬出京到杭州做通判。44岁任湖州知府时，以文字遭谗，被控入狱；获释后，45岁被贬谪黄州；54岁那年，因与朝中权贵意见相左，由原来调越州改调至杭州；59岁那年，远调岭南边地。然而，他一生达观，随遇而安，留下的诗文中很少有悲观厌世之作，而且尽量追求人生的意义与生活的乐趣。

在"乌台诗案"遭贬后，全家人都为苏东坡担心而哭泣，可他却留下"乱石穿空，惊涛拍岸……一尊还酹江月"等诗词，其境界之宏大，气魄之雄伟，一腔赤心报国、壮志难酬的感慨昭然若揭；被贬黄州时，苏东坡失去薪俸，身陷"安步以当车，晚食以当肉"的窘境，他却能放下身段，带着一家老小十数口开荒播种，喂养家禽，实现了丰衣足食；晚年贬谪海南，苏东坡一再高歌："他年谁作舆地志，海南万里真吾乡"、"九死南荒吾不恨，兹游奇绝冠平生"……表现了对流放海南的不悔不怨之情。这样达观的态度是历代被流放海南的众多政客们无法比拟的。此外，爱郊游、爱访友、爱谈禅论佛等爱好，苏东坡在海南一样也没丢。

虽然一生仕途坎坷，被流放于蛮荒之地，甚至被严刑拷打、几乎丧命，但是苏东坡依然自得其乐，微笑接受，大处着眼，随遇而安，保持着乐观开朗的心态。他留给我们的不仅是一篇篇气势磅礴、格调雄浑的千古名文，更多的是他那心灵的喜悦，是他那思想的快乐，是万古不朽的豁达心怀。

人生没有永远的坦途，人生的际遇千差万别，有的生于有权势有地位的家庭，有的出生在普通老百姓家；有的走到哪儿都伴随鲜花和掌声，有的无论身在何处都不受人待见。种种差别都是正常的，面对同样的境遇有的人愤愤不平，有的人却能随遇而安，让时光把人生的棱角磨平，让岁月把人生的羁绊冲散。

的确，随遇而安是一种智慧的生活态度，它可以使人保持一颗平静的心，使人能够理性地去看待生活和工作中的得与失、起与落。谁能做到随遇而安，谁就有宁静的心灵，就能在各种逆境中"失之东隅，收之桑榆"。周围的环境不利于才能发挥的时候，我们不妨韬光养晦，随遇而安，等待合适的时机，便可一鸣惊人。

David 和 Smith 是大学同班同学，大学毕业后两人开始一起找工作。当时的就业形势非常紧张，普通工作十分难找，他们便降低了要求，到一家工厂去应聘。这家工厂正在招聘的岗位是清洁工，问他们愿不愿意干。David 略加思索后决定留下来，Smith 对这份工作是十分不屑一顾的，但是因为找不到更好的工作，并且可以和 David 一起工作，他也决定留下来了。

"堂堂大学生居然做扫地的活"，Smith 工作时没有什么积极性，上班时懒懒散散，每天打扫卫生时敷衍了事，不久就辞职不干了。与 Smith 正好相反，

David 抛弃了大学生身份给自己带来的压力，完全把自己当做一名打扫卫生的清洁工，在自己的岗位上踏踏实实地工作，每天把办公室、车间都打扫得干干净净。

David 勤勤恳恳、任劳任怨的表现给老板留下了很好的印象，半年后老板就安排他给一位高级技工当学徒。由于 David 有大学的知识基础，加上他的勤奋好学，一年后他就成为一名技工。David 在技工的岗位上仍然保持一贯的工作作风，就这样过了一年他又成为了老板的助理，而此时的 Smith 却还在找寻着工作。

David 之所以取得成功，在于他懂得随遇而安，无论是做清洁工，还是做技工，还是做老板的助理，他都顺应境遇，不去强求，客观准确地衡量自己的能力，力争把当前岗位上的工作做好。当他抛弃不切实际的想法，尽全力去完成应该做的事情后，新的机会和新的岗位自然就向他走来。

生活中很多东西，靠人力是无法得到的，比如容貌，比如机遇，比如感情。一个真正智慧的人不会执着于其间的得失，而是随遇而安，乐观面对，安于脚下的根基，把眼前的一切当做发展的动力，这是一种淡泊宁静的人生修养，这是我们一飞冲天的必备条件，这也将帮助我们攀上人生的顶峰！

总之，世上没有绝对的对与错、得与失，人生际遇往往不是个人力量可以左右的，不必过于计较，不必沉迷得失，淡然处之，随遇而安，逐步拓展心胸的宽度和广度，获得一份心灵的寂静和安然，就是最好的选择和态度。

5　静享一场生命的花开盛宴

生命,如一朵花的开放,美艳得纯粹、动人。

有一位成功的商人坐拥几百万美元,他拥有4部名牌汽车,一个多达300名员工的公司,他的家是一座华丽的别墅,他的妻子美丽贤惠,儿子乖巧懂事。可以说,这个商人已经拥有了一切,然而他似乎从没有轻松愉悦过,他是位紧张的生意人,并且把他职业上的紧张气氛从办公室里带回到了家里。

下班回到家里,他打开电视机,坐在沙发上休息,但是他的心情十分烦躁不安,于是他把电视关掉了,不停地在房间里走来走去。他的妻子准备好了丰盛的晚餐,他在餐桌前坐下,他的两只手就像两把铲子,不断把眼前的晚餐——"铲"进口中。晚餐后,妻子放上了一曲美妙的曲子,他拿起一份报纸,匆忙地翻了几页,急急瞄了瞄大字标题,然后把报纸丢到地上,拿起一根雪茄。他一口咬掉雪茄的头部,点燃后吸了两口,便把它放到烟灰缸里。最后,他大步走到客厅的衣架前,抓起他的帽子和外衣,回公司工作了。

这位商人这样子已有好几百次了,弄得妻子和儿子很不高兴,而他自己的内心更是备受折磨,一晚一晚地睡不好觉,整天唉声叹气,愁眉不展。

在这个日益繁杂的现代都市中，大多数人为了获得更好的工作岗位，为了挣到更多的钞票，如同这位商人一般生活节奏越来越快，穿梭往来于浮生之中，忽略了生活中的快乐点滴。结果呢？心灵被搓揉得疲惫不堪，情绪变得焦躁不安，生活陷入枯燥乏味，更别提享受生活的情趣了。

我们工作是为了满足生活之需，让自己更快乐，让生活更美好，但是活着绝不仅仅只是为了工作。认为拼命挣钱就可以换得舒适生活，把自己搞得整天就跟上了发条似的，只知道一味地向前向前，连正常的生活都无法顾及，这简直是贬低了工作的价值，而且根本不是生活的真意。

唯一可以改变这种状态的办法便是保持心灵的平静，累了就让烦乱的心灵小憩一下，暂时将生活和工作的压力抛在脑后，静心来听一听来自生命的声音，听一听它真正需要的是什么！是需要金钱？是需要荣誉？还是需要幸福？细心体味生活的点滴，这就犹如用一根希望的绳子，把我们拉出了泥沼。

沙漠里有一支古老的游牧部落，长期迁徙，居无定所，但是多年以来他们有一个不变的神秘习俗：在赶路时，皆会竭尽所能地向前走，但每次行走两天后必定停下来休息一天！世世代代如此，从不例外。一位考古学家不解地问部落首领："为什么你们要这样做呢？"部落首领解释说："我们的脚步走得太快，而我们的灵魂走得太慢，走两天歇一天就是为了等我们的灵魂赶上来！"

美国作家约瑟夫·坎贝尔说："我们真正要探寻的不是生命的意义，而是活着的体验。"逃避不了城市的喧嚣，舍弃不下名利的诱惑，没有一席淡泊宁静的心灵，心灵当然无法解脱世俗牵绊。放下快节奏的脚步，让此刻的自己松懈下来，静坐而听，多几分从容，少几分纷扰，就是等待灵魂的开始。

因此，当你感到疲惫不堪时，不妨从生活的繁忙中抽身出来，静心聆听生命的花开，静静感受生命的存在，让灵魂追赶上来，身心合一地协调前进！渐渐地，你就会发现，内心的世界越来越平静，越来越无边，从而能够从容淡定地穿梭在世界中，也更容易感受生活的酸甜苦辣，体会人生的无限乐趣。

在亚里桑那沙漠过夏天，布莱克斯觉得自己会被热死的，因为那里炙热的高温都快把土豆烤熟了。一天，他在小镇的一个加油站给车加油时，和主人戴维森先生聊起这里可怕的夏天："这个该死的夏天，又将是炼狱般的生活！"

"为过夏天担忧，有那个必要吗？像迎接一个惊人的喜讯那样对待酷暑的来临吧，"戴维森先生说着，"千万不要错过夏天给我们的各种最美好的礼物……"

"该死的夏天能带来美好的礼物？"布莱克斯不解地问。

"难道你从不在清晨五六点起床？你想想，六月的黎明，整个天空都是玫瑰红的云彩，那是多么美妙的景观啊；七月的夜晚，一抬头就可以看到满天繁星，多么有意境啊；再想想，中午是常人无法承受的高温，这时候才能真正体会到游泳的乐趣！"

使布莱克斯惊奇的是，戴维森先生的话果然有效，他不再怕夏天了。当高温天气真的到来时，清晨，布莱克斯在晨露的凉爽中修剪玫瑰花；中午，他和孩子们舒舒服服地在家里睡觉；晚上，他们在院子里做冷饮，吃冰淇淋，真是痛快极了。整个夏天，他们还欣赏了沙漠日出和日落特有的壮观景象。

几十年之后，布莱克斯已是满头银发，但是他愉快的笑容仍然那么灿烂。他在拜访戴维森先生的时候，由衷地感慨道："我喜欢这里的夏天，而且我一点不担心变老，在这里光欣赏生活的美都欣赏不过来呢，我觉得活得有意思极了！"

看到了吧，生命是一个过程，当你静观人生的时候，美就会充斥你的生活。美是生活中的客观事物与你主观意识碰撞后迸发出的火花，是一种不带功利色彩的愉快感觉。它能使你的心灵得以净化，情感得以宣泄，精神得以满足。

用生命交织而成的声音，如同交响曲般拨动心弦，融入心境，响彻灵魂。或听春晨之鸟啼声清脆，生命在其啼声中涌动如斯；或听夏夜虫鸣婉转流畅，感受生活的细而绵长；或听秋夜之雨淅淅沥沥，温柔地打在瓦片上，如同自然的琴键，感觉自己的心还依然跳动。生活，正在生命之音中诗意地栖居。

生命的乐趣绝不在于不断地奔跑，而在于感受多样多彩的过程。再怎样疲惫或忙碌，也要懂得停下匆忙的脚步，抛开一切给你造成压力的人或事，静心聆听生命的花开，等待自己的灵魂赶上来，身心合一地协调前进。这样，安心的感觉便会不期而至——如同踮起脚尖，触摸到阳光。

6　清心若水，不争自宁

争，这是都市生活中最纷扰的一个字。这个世界的吵闹，喧嚣，摩擦，嫌怨，都是争的结果。

然而，争又得到了什么呢？权钱争到手了，幸福不见了；名声争到手了，快乐不见了；非分的东西争到手了，心安不见了。也就是说，你绞尽脑汁，处心积虑争到手的不是幸福，不是快乐，不是心安，而是烦恼，痛苦，仇怨。

有一对要好的朋友出外旅行，在路上遇见了一位白发老者。老者说："我是天上的神仙，见到你们非常高兴，我给你们准备一个礼物，如果你们当中的一个人先许愿，愿望就会实现，而另一个人就可以得到那愿望的两倍！"

听完老者的话，这两个人心里都开始算计起来。一个人心想："如果我先许愿，他就能够得到双倍的礼物！这样对我来说太不公平了，一定要等到他先讲！"而另外一个人也盘算着："我怎么可以先说出愿望，让他获得加倍的礼物，那我岂不是很吃亏？"于是，两个人互相推来推去，谁也不肯先许愿，让对方占了便宜。

两人推辞了半天，其中一人生气地说："你要是再不许愿的话，我就把你掐死！"另外一人心想，既然你这么无情无义，就别怪我心狠手辣了，于是心一横，说道："好吧，我先说出愿望！我的愿望就是，希望我的一只眼睛瞎掉！"立刻，他的眼睛瞎掉了一只，而他的朋友两只眼睛都瞎掉了！

这两个人就是因为争好处，结果两个人的眼睛都瞎掉了，他们不但无法再继续他们的愉快之旅，而且也失掉了最宝贵的情谊。此后，两人的生活恐怕就只有黑暗和痛苦了。足见，争，就会有争辩、争斗、战争，就会有利益心、名利心、俗世心，就会玷污如水的心灵，实际上是"捡了芝麻丢了西瓜"。

"夫唯不争，故天下莫能与之争。"老子一言，使不争成为智慧的代名词。从字面上看，这句话有些矛盾，既然不争，怎么天下人都争不过他呢？事实上，这里的不争不是一种消极沉沦、两耳不闻窗外事的与世无争，而是建立在知晓事物变化规律之上的豁达。其意在于：不争不该得到的，不争得不到的，不争得到了也没有益处的。

不就一事争长论短，不急一时较之高低，不较一时得失成败。"不争"是一种圆融，是一种智慧，是一种境界。保持心灵的平静，只有做到"不争"，才能摒除烦恼苦难，清除心灵繁芜，刹那间，万籁俱寂，恬静出尘。

一户人家找附近寺庙的一位僧人作法事,事后主人发现家中丢失了20两白银,他怀疑是僧人所为,便气势汹汹地到寺院问罪。僧人明白施主的来意后,并不多言,直接取出白银20两说:"施主请把银两拿回去吧。"

这个人抓过银子气冲冲地走了,谁知等他回到家中,妻子却告诉他,因为临时有急事,她拿走了银子没有及时交代。此人听后感到非常内疚,万分羞愧,连夜到寺庙送还银两,并向僧人道歉。

僧人接过银子只说:"阿弥陀佛,善哉,善哉!"

一个有口皆碑的大师在被人诬陷偷银两时还能泰然处之、不怒不争、不计得失,这样的人生态度自然为人所敬仰与钦慕。由此可见,不战而自胜,正合乎了"上善若水,水利万物而不争"的哲学思想。

初春,百花烂漫,桃李吐芳,鲜花傲放,姹紫嫣红,竞相争奇斗艳。然而,荒凉的一角里总有一枝或几枝兰花不争春,不斗艳,不妖娆,不芬芳,静静地绽放。这种与人无争,与世无争,是何等崇高的品行,是何等淡定的境界啊!

在实际生活中,我们完全可以拥有这种品行和境界,而且我们有着无数个不争的理由:心胸开阔一些,争不起来;得失看轻一些,争不起来;目标降低一些,争不起来;功利心稍淡一些,争不起来;为别人考虑略多一些,争不起来……如此,你会发现,内心会一下子变宽,世界会一下子变大。

不争，这看起来简单的两个字，却往往需要人的一生去历练。英国诗人兰德直到暮年才写出了洞悉人生的《生与死》："我和谁都不争，和谁争我都不屑；我爱大自然，其次就是艺术；我双手烤着生命之火取暖；火萎了，我也准备走了。"这是平静安然的最佳写照。

7 莫把真心空计较

饶人，则各自相安无事。

古时候，有个道士擅长下围棋。凡是与别人下棋，总是让人家先走一步。后来他写了首诗："烂柯(围棋的旧称)真诀妙通神，一局曾经几度春。自出洞来无敌手，得饶人处且饶人。"这就是"得饶人处且饶人"的来历，是指做事须留有余地，不要一棒子把人打死，能饶恕的地方就尽量饶恕。

然而，在现实生活中，我们经常可以看到一些人一旦得了理，占了势，就气势汹汹，不可一世，把对方往死里逼，非得一雌决雄才罢休，非逼得对方鸣金收兵或竖白旗投降不可，结果看上去得"理"了，事实上却早已失"礼"，最终使自己走向孤立无援的地步，生活工作各方面陷入窘迫。

马超是某文化公司策划部的成员,他学历高、口才好、思维敏捷,提及的策划方案总是能够得到众人的肯定。但马超有一个毛病,那就是做事不给人留余地,尤其是自己有理的时候,非要和别人争出一个一二三来。比如,当同事提出一些较不成熟的策划案时,马超总会毫不客气地横加抱怨,大加指责,有时女同事们能被他说哭了……渐渐地,同事们谁都不喜欢和马超一起工作了。

在马超的观念里,自己这样做并没什么不对,因为这一切都是"理由充足"的。然而,一段时间后,公司组织全体工作人员进行互相评价的活动,并决定提拔得分最高者为新主管。马超是最低分,毫无意外地与主管之位无缘。

面对同事不够"合格"的工作,马超提出批评"理由充足",但是他不留余地,不依不饶,能把同事训哭就显得不合情理了,只会给别人留下不可理喻的印象,同事们自然对他的评价低得要命。

那么,得理时该怎么办?古人说得好:"饶人不是痴汉,痴汉不会饶人。"最好的处理方法是,把心胸放宽一些,得饶人处且饶人,做事留有余地,力争做到恰如其分,适可而止,这样不仅可以避免一些没有价值的争执,而且你也能为自己赢得好处——使事情朝着所希望的方向发展,至少对方不会置你于死地。

一天,位于某商业街的黄金行,突然接待一位面带怒色,前来投诉的女士。一进门,这位女士就大声吵嚷:"你们太坑人了吧,我前几天刚买的黄金戒指居然消光了。"顿时，引来了很多人的目光。

看到这位女士的架势，经理王先生为了不影响到其他顾客的购物情绪，便客气地领她到大堂顾客休憩区。王先生拿过戒指看了看，聆听了这位女士的购买过程，微笑着问道："女士，请问您在哪儿工作？"

"我在化学试剂厂工作，有什么问题吗？"女士火气未消地回答。

"我还想问一下，您平时上班时戴首饰吗？"王先生依旧微笑地询问。

女士白了他一眼，说道，"当然戴喽！"

"以后上班时，您最好不要戴首饰了，因为首饰容易受到化学试剂的腐蚀，这是一个常识。"王先生耐心地给她讲解。说完，他把这位女士的戒指给了技术人员，进行了一番清洁处理，使之恢复原状。

这位女士明白了，不好意思地道歉："刚才我太性急，还没搞清楚就……"

王先生摆摆手，微笑着说："哦，您不要这样说。出现这样的问题，都怪我们工作没有做好，如果在销售时我们将金首饰的保养方法详细告诉您，就不会出这样的问题了，我为我们的失误道歉。"

一听这话，女士从尴尬中解脱出来，她走到黄金行营业厅中央大声地道歉："对不起！打扰大家的购买情绪了，我在这里特向你们道歉，向黄金行道歉。请你们放心购买这里的金银首饰，这里无假货，服务好。"

在接待前来投诉的女士时，李先生懂得有理让三分的道理，他没有因为顾客没有正确地保养戒指、无理取闹就还以颜色，而是始终面带微笑为顾客服务，然后用委婉的语气告诉顾客事实的真相，这样既在众人面前保留了顾客的尊严，也使顾客意识到了自己的错误，最终满意而去，其德行可见一斑。

由此可见，有理并不在于声音的大小，也不在于言辞是否犀利，而是在于人心。当双方处于尖锐对抗状态时，得理者的忍让态度，能使对立情绪"降温"。而且，理直气"和"远比理直气"壮"更彰显风范，显示出一个人胸襟之宽容、修养之深厚，心灵之强大，更能说服和改变他人。因为，得理的时候让三分，你就给自己和对方都留了体面。你退一步，对方心中会感谢你给他留了面子。

总之，宽容就像是一面镜子，它可以随时照出人的胸怀。得理不饶人、斤斤计较的人只会照出他猥琐、丑陋与狰狞的一面；胸怀宽广、心地坦荡的人就会照出宽容、慈悲的一面。正所谓："莫把真心空计较，唯有大德享百福。"人人头上有青天，得饶人处且饶人，各自相安无事，自然皆大欢喜。

第 2 章
人生留白，残缺亦是一种美

残缺也是一种美丽，如山风瑟瑟，秋雨绵绵，似风云忽变，月圆月半，那么婉约柔美，蓦然清净。无法逃避缺憾，那就不躲避。平静地接受上苍的赏赐，不计较，不懊恼；抱残守缺，轻松满怀，方能上善若水，风雨不惊。

1 不完美，才是人生

> 月有阴晴圆缺。

在生活中，你为什么过得不安心？甚至活得痛苦？不妨先检讨一下，你是否存在这样的想法："我的个子为什么不够高？""我的鼻子不够挺拔，眼睛也小了一点。"……这种觉得自己这也不行那也不好的自卑想法，往往会将人推向"完美主义"的漩涡，或暴躁地烦恼，或压抑地消沉。

为什么会出现这样的后果？这是因为你忽视了一个最基本的现实，那就是"金无足赤，人无完人"。大千世界找不到一个完美无瑕的人，每个人身上都有缺点或是不足，我们永远不可能成为一个完美的人，苛求自己完美的愿望永远不会实现。追逐不会实现的愿望，结果只会是失望。

一个未婚的男人来到一家婚姻介绍所，进了大门后，迎面又见两扇小门，一扇写着美丽的，另一扇写着不太美丽的。男人推开"美丽的"门，迎面又是两扇门，一扇写着年轻的，另一扇写着不太年轻的。男人推开"年轻的"门，迎面又见到两扇门，一扇写着温柔的，另一扇写着不太温柔的，他推开"温柔的"门，这样一路走下去，男人又先后推开了六道门：有钱的、忠诚的、勤劳的、好身材的、有文化的、幽默的。当他来到最后一扇门时，门上写着一行字：您追求得过于完美了，到天上去找吧。

读了这个故事后，不要以为它只是讲婚姻，其实它更是说明了一个道理：真正十全十美的人是找不到的，无论是他人，还是自己！

还看过一则权威性的材料，你也许会更加豁然开朗，心如洞明。

欧洲曾在瑞士举办了一次"最完美的女性"研讨会，与会者们一致认为：最完美的女性应该有：意大利人的头发，埃及人的眼睛，希腊人的鼻子，美国人的牙齿，泰国人的颈项，澳大利亚人的胸脯，瑞士人的手，中国人的脚，奥地利人的声音，日本人的笑容，英国人的皮肤，法国人的曲线，西班牙人的步态……所有这些还是不够的，完美女性还应有德国女人的管家本领，美国女人的时髦装束，法国女人精湛的厨艺，中国女人醉心的温柔……然而，即使上帝重新造人，也不可能集这些优点于一人身上的，因此与会者达成的共同的结论是：真正完美的女人根本不存在。当然，男人也是一样。

为什么不喜欢自己？为什么讨厌自己？缺陷和不足人人都有，作为独立的个人，正是不完美使你区别于他人，使你显得不平庸。你就是你，你是独一无二的，你同样是上天创造的杰作，世界也因你的不完美而多了一点色彩。我们要像树叶一样，既然生长出来了，每天还是要和阳光打交道的，因为树叶知道，自己有自己的特点，是别的树叶无法拥有的。

不要求自己成为一个完美的人，而要努力爱上那个不完美的自己。爱不完美的自己，就是用自己特有的形象装点这个丰富多彩的世界。不知道你有没有发现，很多有魅力的人，也并不是很好看，也根本称不上完美，但是他们身上都有一种很引人注目的东西，那个就是自信的气息。

丑女贝蒂被人公认为是世界上最丑的女人，满嘴牙箍，身材肥胖，打扮土气。在刚进入一家时尚杂志公司时，所有人都躲避她，所有人都嘲笑她，就连上司也讨厌她，每一次讨论工作总是命令她离自己一丈开外，但是她并没有因此自卑，而是每天都带着最灿烂的微笑，每天都满腔热情、快乐自信地工作着。

贝蒂告诉自己的同事:"我是丑女,我没有精致完美的长相,没有又翘又浑圆的臀部,但是命运给了我无法改变的瑕疵,与其对其耿耿于怀,不如坦然接受,我觉得女人必须对自己感到满意,尤其是不完美的自己。"尽管不时受到同事的嘲弄和陷害,但贝蒂那坚强的性格和聪明的才智使她常常化险为夷,最终她不仅赢得了所有同事的喜爱,也成了上司以及千万男人的梦中情人。

由此可见,一个人身上有没有缺陷和不足并不重要,重要的是自己敢于接受并正确面对这个事实。学着接受自己的缺陷和不足,心平气和地接受自己。容许自己不完美,你就会更满意自己,更爱自己。爱自己的人更自信,更有力量和勇气,追求更有意义的东西,无疑这是一个良性循环。

难道那些伟人果真那么十全十美、无可挑剔吗?绝非如此。任何人总有其优点和缺点两个方面,不完美伴随我们每一个人从生到死。有些人之所以表现得优秀,在于他们看到了自己的缺点,实事求是地对待自己的缺点,并且拿出勇气,去革新和突破自己,努力将劣势转变为优势。

缺点并不可怕,缺点越多越代表我们有更多需要完善的地方,欣赏自己的不完美,并将它转化成动力,不断完善自我,这才是最重要的。

奥黛丽·赫本,这位好莱坞的著名电影明星,她的身材并不完美,平胸、清瘦、手足细长，但是，她散发出来的气质让人觉得她就是一个完美女人。这是因为，奥黛丽本人对于自己的外表没有太多苛刻，她说："每个人都有缺点和优点，将优点发扬光大，其余的就不必理会。"这一观点值得我们每一个人借鉴。

所以，不完美的一面也是生命的一部分，我们真没必要因为自己比别人个子矮而自卑，也没必要为自己身材不够美而气愤不已。正视自己的缺点，改变能改变的，完善能完善的，接受不能改变的，如此我们才不会被缺点拖累，而且能使自己越来越接近完美，进而获得安然自得的生活姿态。

2 即使残缺，也行如流水

落花有意随流水，流水无情恋落花。

缺少一部分，不完整，便是残缺。

说到"残缺"，最典型的当属维纳斯雕像！她失去了玉臂，却收获了惊世之美，残缺使她具备"全数贞静羞涩的美和娴静动人的魔力"，成为美的代名词，也激发了不知多少人心中的维纳斯，可见残缺使艺术因遗憾而完美。

如果一个人身体残缺，这无法说是一种完美，但你要坚信：身体的残缺并不代表能力的残缺。身体残缺这个事实不能改变，但人生还要继续，只要勇敢面对，自强不息，就能改变自己的命运，就能拥有生命的芬芳。

有这样一个哲理故事。

一个小女孩自幼双目失明，小女孩常常悲观地认为自己是一个可怜的残疾人，每天都郁郁寡欢。一天，她问妈妈，"听说每个人都是上帝眼中可爱的苹果，可是上帝让我残疾，我不是上帝的苹果吗？"

妈妈说："不，孩子，你这个苹果太可爱了，所以上帝忍不住多咬了一口。"

听了妈妈的话，小女孩犹如醍醐灌顶，心情顿觉开朗起来。从此，她不再自卑于失明，而是将这看作上帝对自己的特别厚爱。她开始振作了起来，接受命运的挑战。经过一番辛苦的努力，她成了远近闻名的盲人钢琴师。

"你这个苹果太可爱了，所以上帝忍不住多咬了一口"，把人生缺陷看成"被上帝咬过一口的苹果"，这样的比喻是何等的奇特，又是怎样的豁达乐观。尽管这有点自我安慰的阿Q精神，可是，人生不如意事十之八九，这个世界上谁不需要找点理由自我安慰呢？更何况，这个理由是这样的善解人意、幽默可爱。

残缺并不可怕，可怕的是残缺后失去对生活的希望，从而成为一个一无是处的人。不过，不管在哪里，我们总能发现一些人，他们虽然身体上存在残缺，但是他们拥有超乎我们想象的毅力，能够忽视自己的残缺，跟命运作顽强斗争，用行动来填补残缺。正是这种毅力，让他们创造出令世界都为之震撼的奇迹。

英国人艾莉森·拉佩尔天生残疾，从出生之日起她就没有双臂，双腿也特别短小，看上去太可怕了，这是一种名为"海豹肢症"的先天残疾。出生后几周内，拉佩尔被母亲送到"残疾人之家"，一两岁的时候她开始意识到，自己已经被父母抛弃。但拉佩尔没有丧失对自己的信心，丧失对生活的向往，相反这更加激起了她对生命、对美好的渴望。

拉佩尔3岁时就开始学着用自己并不正常的脚摆弄画笔工具，到16岁时，她用脚创作的绘画作品已经能够在当地的绘画竞赛中获奖。17岁时，拉佩尔在一家残疾人评估中心接受各种生活及职业训练，比如骑马、学习艺术，以提高在社会中的适应能力。19岁时，拉佩尔已经有能力独立生活了。之后，拉佩尔进入布赖顿大学艺术学院学习，她开始了一项新工程：以自己的身体为原型进行艺术创作。通过摄影、绘画，拉佩尔用不同方式展现自己并不完整的身体。

凭借超凡的努力，拉佩尔成为了一名著名画家和摄影家，改变了自己的命运。用她的话说，她的目的就是让整个社会了解："残疾就一定与美丽无缘？它不可以让人们产生除了'厌恶'、'怜悯'、'同情'之外的感受么？我正在向世界展示：答案是否定的。美存在于一切事物之中。"伦敦市长肯·利文斯顿则这样形容拉佩尔："艾莉森展示给我们的是与命运的抗争。这是一件关于勇气、美丽和抗争的作品，艾莉森是现代社会的女英雄，坚强、可敬、给人带来希望。"

艾莉森·拉佩尔没有双臂，双腿也特别短小，她的身体是残缺的，但是她没有因此沮丧，而是平静地接受了自己的残缺，并且对生活充满了热情，最终她成为了一名著名画家和摄影家，改变了自己的命运。她用残缺向世人展示了不残缺的梦想，这是一曲用残缺震撼灵魂的赞歌，将永远回荡在人们心中。

是啊！残缺因认真对待而绽放出生命最深层的潜力，残缺演绎了多么感人的篇章，残缺创造了多少伟大的人间奇迹。失明的文学家弥尔顿，失聪的大音乐家贝多芬，不会说话的天才小提琴演奏家帕格尼尼……如果用"上帝咬过的苹果"的理论来推理，他们也都是由于上帝特别喜爱，被狠狠地咬了一口的缘故。

所以，面对身体的残缺，我们不必为此痛哭流涕，怨天尤人，更不能自暴自弃，失去生活的信念。最好的办法就是坦然接受，并且自励自慰：我是被上帝咬过的苹果，只不过上帝特别喜欢我，所以咬的这一口更大罢了。

心有多大，舞台就有多大。只要拥有信念和一颗上进的心，即使身体残缺也有权利享受行云流水的生活，并开拓出属于自己的人生舞台。在那时，人们将看见另外一种美，一种乐观而坚强的美。

第一辑　岁月悠悠，枯荣有时
智者，行云流水看人生

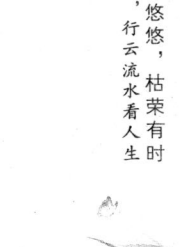

3 阴晴圆缺，自古难全

贪婪圆满，就会终陷迷惑。

生活总有不完美之处，总有不如意之事。古今文人墨客们用自己的一腔愁绪，满心无奈将人生的缺憾化诸笔端。苏东坡低诉："人有悲欢离合，月有阴晴圆缺，此事古难全。"南宋方岳前低吟："不如意事常八九，可与人言无二三。"

因为不想存留缺憾，许多人凡事追求尽善尽美，而生活中的失落、痛苦和不幸正源于此。不可否认，追求完美本身无可厚非，这是一种浪漫的憧憬与希望，但是凡事都要适度，过于执着而耿耿于怀或不肯变迁，眼中看到的多是不完美，那么就会一次次与机遇擦肩而过，与成功遥遥相望，最终落得两手空空。

我们来看一个小故事。

有位渔夫非常幸运地从海里捞到一颗晶莹剔透的大珍珠，他爱不释手，但美中不足的是珍珠上面有一个小小的黑点。渔夫想，如果能够把小黑点去掉，珍珠将完美无瑕，变成无价之宝。于是，他刮去了珍珠一部分表层,但黑点还在;他又狠心刮去一层,黑点依旧存在。于是他不断地刮下去。最后,黑点没有了,而珍珠也不复存在了。此人无比忏悔地说,"我若不去计较那个小黑点,现在手里还攥着一粒硕大而美丽的珍珠啊!"

这个渔夫是无知可悲的,他想把珍珠上的小黑点去掉,得到一颗完美无瑕的珍珠,但在他消除了所谓的瑕疵时,珍珠不复存在了,美消失在他追求完美的过程中了。殊不知,有黑点的珍珠只是白璧微瑕,而且正是其不着痕迹、浑然天成的可贵之处。这种美,美得朴实,美得自然,美得真切。

玉,有瑕疵才是真的。我们可以尽最大的努力接近完美,但永远不可能达到完美。这种判断,在我们头脑中必须牢固确立。凡事切勿苛求,重在勤恳务实,你会发现自己更有信心,而且更有能力和创造力,如此也就很少感到失意。或者也可以这样说,学会接受不完美,则凡事都会完美。

一位得道的高僧,由于年老体衰将不久于人世,他意图从徒弟们中间找一个接班人,于是他对徒弟们说,"你们出去给我捡一片最完美的树叶,谁找到了谁就是我的传人。"到底什么树叶才是完美的呢?徒弟们领命而去,各自奔走。

这时候,一个弟子心想:每一片树叶各自不同,哪有最完美的树叶?于是他便在附近树林里随便捡了一片完整无损并且很干净的树叶带了回去。到天黑了,其他徒弟都累得气喘吁吁,也没能找到那片"最完美的树叶",最终都空手而归。

最后，高僧把衣钵传给了那个捡回树叶的弟子，他告诉众人，"世界上哪有完美的叶子，世界上也没有绝对的完美，如果那么完美，哪还有喜怒哀乐，生态万千？接受不完美，才算真正领悟到了人间真谛啊！"

世上没有十全十美的事，生在繁杂都市更是如此，万事都不是一定圆满的。又何苦执迷于那不可求的圆满呢？放弃完美的追求，不必刻意去做任何事情，踏踏实实地尽己所能，就可以问心无愧了，就可以享受到鲜花和掌声！由此可见，接受不完美，是生存的智慧，是成功的技巧。

世界顶尖高尔夫球手博比·琼斯是唯一一个赢得高尔夫"年度大满贯"（包括美国公开赛、美国业余赛、英国公开赛及英国业余赛）的人，他被称为是美国高尔夫史上最优秀的业余选手。在高尔夫球员生涯的早期，博比·琼斯总是力求每一次挥杆都完美无缺。当他做不到时，他就会打断球杆、破口大骂，甚至愤慨地离开球场，这种脾气使得很多球员不愿意和他一起打球，而他的球技也没有得到多少提高。

通过这些教训，博比·琼斯渐渐了解到这样一个事实：一旦打坏了一杆这一杆就算完了，但是你必须尽力去打好下一杆，而不该耿耿于怀。静下心来，调适心态后，他才能真正开始赢球。对此，他这样解释说："我终于明白了，要对每一杆有合理的期望，力求表现良好、稳定才能取胜，而不是寄望非常完美地挥杆来成就。"

通过博比·琼斯的成功事例，我们可以得出一个结论。完美主义者的思维轨道是：太高的目标→极易失败→心灰意冷→更高的目标→再次失败→自信再遭打击→更完美的要求。相反，接受不完美的思路及其实际效果是：较低较容易的目标→成功或完成→自信→更高的目标→更自信。

从某种意义上说，人们不正是因为不完美才有了追求和奋斗的目标吗？做人最大的乐趣是通过奋斗达到想要的目的，有句广告词颇有哲理，"人生没有最好，只有更好"。倘若一个人件件事情都完美，从某种意义上说是极其可怜的，因为他无法体会有所追求的幸福感受，这个人还有什么意思呢？

"我走过阳关大道，也走过独木小桥。路旁有深山大泽，也有平坡宜人；有杏花春雨，也有塞北秋风；有山重水复，也有柳暗花明；有迷途知返，也有绝处逢生。"这是季羡林多彩的人生，之所以多彩，是因为它的不完满。所以，季老在《不完满才是人生》中写道："每个人都争取一个完满的人生。然而，自古至今，海内海外，一个百分之百完满的人生是没有的。所以我说，不完满才是人生。"

事情不完美不是残缺，它是另一个方向上的成就，是另一种意义的收获。就如同一个残缺的木桶，虽然每次担水回家之后你都无法获得一整桶的水，但是一天、一月、一年，从残缺的木桶中滴落的泉水浇灌了路旁的花籽，也许某一天，你会收获路旁的各色小花，淡淡的花香，意外的美丽。

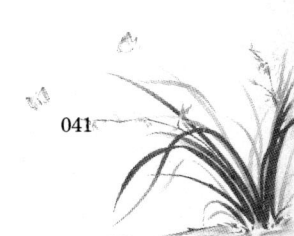

4　不能执手，便相忘江湖

不能执手相看，不如两两相忘。

爱情是心灵的寓所、是情感的归宿，是我们在心中编织的一个美丽的梦。这个梦是完美无缺的，但却往往因现实的撞击而充满遗憾。遗憾的是，你苦苦追求，却还是没有机缘；遗憾的是，你苦苦思念，却还是不能执手相牵；遗憾的是，你们明明相爱，却只能在擦肩而过中，渐行渐远。

面对情感上的遗憾，不少人会颇为伤痛、备感心碎，将"遗憾"两个字挂在嘴边，刻在心坎上，纠缠在遗憾里面，一遍一遍地问天问地，沦为红尘都市里的痴男怨女。结果呢？不仅折磨了自己的精神，辜负了美好的生活，还有可能阻断了追求真爱的路，错过一生真正的爱人，何必？

要知道，世上有很多事可以求，唯独缘分是难求的，所有无法走到一起的人，不是无缘或无分，就是有缘无分。感情是一份没有答案的问卷，苦苦追寻并不能让生活更圆满。学着看淡一点，接受一些遗憾，宽恕一些遗憾，也许有一点失落或一丝伤感，但它会让这份答卷更隽永、更永久。

弗朗西斯卡是美国艾奥瓦州一农夫之妻,她贤淑、善良,和丈夫及一对儿女在自己拥有的农场里过着单调而平静的日子,既没有特别令人揪心的事,也没有令人激动万分的事。这种状况一直延续到她遇到罗伯特·金凯为止。

罗伯特·金凯是个天才摄影家,一个夏日,他来到弗朗西斯卡所在的农庄附近,他想拍摄当地一座颇有历史的廊桥——罗斯曼桥。在偶然间,弗朗西斯卡成了罗伯特的领路人,当时正巧丈夫和儿女不在家,时间和空间为这对中年人提供了滋生爱情的条件。在短暂的四天时间里,弗朗西斯卡和罗伯特·金凯迅速坠入爱河当中。他们一起到廊桥去拍摄美丽的风景,他们一起吃着烛光晚宴,他们一起就着音乐翩然起舞……总之,他们忘记了一切,共沐爱河。

然而,罗伯特·金凯的工作性质注定他云游四海、漂泊四方,不可能像普通人那样过居有定所的生活;弗朗西斯卡还有自己的丈夫和儿女,她不可能为了他抛弃这一切,最后罗伯特·金凯带着遗憾走了,然而双方自此留在了彼此的心中。年复一年的缠绵思念,刻骨铭心,凄婉绝伦……

这就是著名电影《廊桥遗梦》阐述的故事,不否认男女主人公是真心相爱的,但命运与缘分的捉弄使他们不能厮守终身,各奔东西,此后半生也要抱着深深的遗憾过活。也许世间最大的悲剧莫过于两个相恋的人不能牵手一生一世,但是正因为有了遗憾,那份情义才越发显得弥足珍贵,既浸入骨髓又超然永恒,感动了千千万万的观众。

试想，如果当初弗朗西斯卡选择抛夫弃子，放弃家庭的责任，随罗伯特·金凯私奔他乡，这个故事也就落入了普通得不能再普通的移情别恋的俗套，而且他们真的能够情比金坚、相伴一生吗？即使他们能白头偕老，那又何来浪漫且刻骨铭心的爱情经典?！月缺令人感慨，花落令人心碎，不完美往往才是完美。

所以说，苦苦追求却没有机缘，苦苦思念却不能执手相牵，这种遗憾并不可怕，可怕的是不放弃遗憾，终身为遗憾所累。智慧的人总会在遗憾的时候静下心来，平复和化解心中的遗憾之殇，细细地品味遗憾之美，如此深深的痛苦就不会光顾心房，而且悲壮之余会有更深刻的感悟，情感在心里会是圆圆满满的。

事实上，许多感情从开始到结束不管结果如何，只要有过那种让自己心灵为之震动的感觉，这本来就是一种富有，一个温暖的感情矿藏，一种生命中最厚重的拥有。"两情若是久长时，又岂在朝朝暮暮"，两人只要能彼此真诚相爱，即使终年天各一方，也比朝夕相伴高雅得多。

1920年秋，在风景如画的伦敦康桥，徐志摩结识了林徽因，他们畅谈理想，纵论人生，在文学艺术的天堂里徜徉交心。思想上的沟通、感情上的融合以及对诗情的理解使两颗年轻的心不断靠拢，徐志摩燃烧的眸子里写满了对林徽因的眷恋。面对徐志摩的主动追求，林徽因不是没有动心，她惊惶，喜爱，羞涩，愉悦。

但是阴差阳错，命运终是没有笑对徐志摩，林徽因后来跟建筑界的才子梁思成成婚了，因为徐志摩那时候还没有和妻子张幼仪离婚，林徽因那般高贵，自然不会将这段看似才子佳人的爱情故事演绎下去。不过，林徽因自此成为了徐志摩心中永远的完美女神，而林徽因对徐志摩则是比真正的爱情少一点点，比纯粹的友情又多一点点，两人互相关心和理解，尤其在文学上更是经常切磋。

"我将在茫茫人海中寻访我唯一之灵魂伴侣。得之，我幸；不得，我命。"这可以说是悲情诗人徐志摩为自己短暂的一生所写下的注脚。徐志摩和林徽因只有灿烂的爱情而没有停泊的归宿，但这种无法真正言明的感情刻骨铭心，也正因为诗情和激情的幻变，才孕育出了热爱"爱和自由和美"的浪漫才子徐志摩。

"我将在茫茫人海中寻访我唯一之灵魂伴侣。得之，我幸；不得，我命。"诗人的爱情尽管有遗憾，是万丈红尘中的空望，是洗却铅华之后的暗伤，但也留下了片片人间真情，闪耀着日月的光芒。有过情感遗憾的人，必定是感觉到深切痛苦的人，这样的人付出过最真的心，也必定真实的活过。

是的，美丽的爱情有写不完的遗憾，不过爱情不会因遗憾而缺失本有的心灵温暖、灵魂悸动，它依然可以是一段美好的时光、一段温馨的记忆。接受遗憾的爱情吧，让它以一种别样的美丽开放在我们心里："一个是太阳，一个是月亮，太阳月亮从不厮守，但谁不说它们天长地久？！"

5　错过，最深刻的痛苦

如果错过了路口，就等待下一个码头。

生命中一些极美极珍贵的东西，常常与我们失之交臂，而这些错失往往会变成一把锋利的刀子，一刀一刀地在我们心上剜出血来。所以有人说：但凡世间的好事物中都暗藏了一些遗憾，错过是最深刻的痛苦，几多愁思，几多无奈。

但是，跋涉于漫长的生命之旅中，我们每一个人是否可以将一路的美景尽收眼底，不留一丝遗憾呢？不，不可能，甚至大多数的时候我们常常错过它们，毕竟我们的视野、时间和精力有限。如果不肯错过一些景色，为此殚精竭虑，费尽心机，那么很可能令身心疲惫不堪，错过前方更迷人的景色。

从前，一位热爱旅行的人听说一个遥远的地方景色绝佳，于是他决定不惜一切代价也要找到那个地方，一览秀色。经历了数年的跋山涉水、千辛万苦后，他的盘缠已经用光，身心已相当疲惫，但目的地依然遥遥无期。

这时，有位智者给他指了一条岔路，告诉他美丽的地方很多很多，没有必要非要去那个地方不可。旅行者按智者的话去做了，不久他就看到了许多异常美丽的景色，他赞不绝口，流连忘返，庆幸自己没有一味地去找寻那个美丽的地方。

生活在错综复杂、变幻无常的现代都市中，我们每一人不可避免地都有很多的错过。比如，错过了绚烂的朝霞和夕阳，错过了青春年少的创业资本，错过了使事业走向高峰的机会，错过了……虽然错过是一种令人伤感的遗憾，但是错过能使我们看清自己，认清方向，从而拓展生命宽度，成就人生高峰。

更何况，人生总是有得有失，有成有败，"失之东隅，收之桑榆"、"塞翁失马，焉知非福"，已经错过了就错过，也许得到它并不是最明智的选择，有时候错过会有意想不到的收获，遇见别样的美丽。西方也有一句谚语同样表达这样的情景：上帝在关上一扇门的同时，也打开了另一扇窗户。

美国著名的哈佛大学要在中国招一名德才兼备的学生，这名学生的所有费用由美国政府全额提供。初试结束了，有30名学生成为候选人。考试结束后的第10天是面试的日子，30名学生及其家长云集在一家饭店等待面试。

当主考官劳伦斯·金走进饭店大厅时，大家一下子围了上去，迫不及待地作起了自我介绍。一名学生由于起身晚了一步，没来得及围上去，等他想接近主考官时，主考官的周围已经是水泄不通了，根本没有插空而入的可能。"唉，真遗憾，我就这样错过了接近主考官的大好机会"，该学生懊恼起来。

正在这时，他看见一个异国女人有些落寞地站在大厅一角，像是遇到了什么麻烦，于是他走过去彬彬有礼地问道："夫人，请问您有什么需要我帮助的吗？"接下来，两个人聊得非常投机。

出人意料的，这名学生居然被劳伦斯·金选中了。"在30名候选人中，我的成绩不是最好的，而且我错过了跟主考官直面交流的最佳机会，怎么会是我呢？"该学生自己都有些疑问，后来他才知道那位异国女子是劳伦斯·金的夫人。

错过并不等于失去，错过并不一定是遗憾，有时甚至可能是圆满。

还有这样一则故事，说是一位教授没有被心仪的大学成功聘用，于是他回到乡下开始了田园生活，种种菜，养养鸡鸭，享受着最自然的风光。错过了城市的亮丽多彩，错过了城市里有滋有味的生活，而去乡下体验农家的快乐，"采菊东篱下，悠然见南山"。这是何等的诗意，何等的自由，何尝不是一种美丽呢？

的确，当你错过了进剧院的时间，但在剧院门口外，你遇到了多年不见的好友时，你还会叹息这次的"错过"吗？当你在雨天错过了一辆公交车，你也许会懊悔，但如果因此你买到了久访不得的诗集时，你还会怨恨这次的"错过"吗？"错过"编织了我们人生的经纬网，见证着我们斑斓多彩的存活。难道，不是吗？

昙花错过了与白天的相聚时光，选择在黑夜中释放它的光芒，于是就有了黑夜里蓦然出现的一方娇艳；梅花错过了与春天的温馨约会后，选择在凛冽的寒风中开放，于是就有了在冰天雪地里一株灿然开放的梅花的孤高身影……懂得错过，是一种领悟，是一种选择，也是一种体会。错过需要勇气，也需要智慧。

因此，不要为错过而惋惜，不妨大气地接受这种遗憾，在沉沉的思索中把它理解成一种警戒，看成提醒。凭着对未来的希望和憧憬，昭示自己奋力前行，去寻找另一个目标，力挽狂澜于即倒，增加生命的深度。最后，你仍然可以说："虽然错过了太阳，但我毕竟抓住了月亮和群星。"

6 让人生留白，从此安然

只因留白，于方寸之间，天高地阔。

每个人都期望自己的人生充实圆满，不想留下一丝一毫的遗憾，渴望填满生命里的沟沟壑壑。因此，很多人习惯以"超人"自诩："我是超人，我要办许多事，我能办很多事情"，大包大揽身边之事，事必躬亲、亲历亲为。

可是，没有人是三头六臂无所不能的，即使再优秀的人，精力和体力也是有限的。什么事情都想干，什么事情都想干好，让自己背负太多，往往身

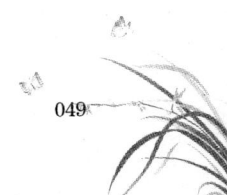

心疲惫而沉重，以致什么事都干不好，遗憾更多。满则溢，盈则亏，自然的法则，无人能够超越。

关于诸葛亮，大家都不陌生。在辅佐刘备的二十多年里，足智多谋、临危不惧的诸葛亮献智献计，鞠躬尽瘁，成为蜀国的中流砥柱。特别是在刘备去世后更是如此，他将行政与军事大权集于一身，事事插手，件件操心，日理万机。

结果，诸葛亮虽有面面俱到之心，却分身乏术，曾经六出祁山伐魏都以失败告终，打了败仗，累垮了自己不说，最终"出师未捷身先死，长使英雄泪满襟"，只能带着遗憾离开人间，三国之中蜀汉最先灭亡。

"出师未捷身先死"，与诸葛亮苛求完美、事必躬亲不无关系。

在这里，不禁要问，你欣赏过南宋画家马远的《寒江独钓图》吗？画面上，除一舟，一翁，几笔淡墨之外，空空如也。然而，就是这片空白给人以无限遐想的空间、回味无穷的意境，那是一种无言的诉说江天辽阔、寒意袭人，诉说地老天荒、无奈悲凉……这就是国画的"留白"艺术。

而人生何尝不是一张更大的宣纸呢？别总把自己逼得太紧，给生命一些"留白"吧。因为除了精神和心灵领域，其余领域我们是无知的，即使说有知，我们也不可能把好事占尽，总得留出一大片领域让他人自由往来，各领风骚。再说明白一点就是，人要学会有所为有所不为。

有所为有所不为，从一定意义上说是一种遗憾，但并非不思进取，消极遁世，慵懒沮丧，驻足不前。从本质上讲，这要求我们权衡轻重、利害、得失，做出正确选择。"将军赶路，不追小兔"，将军奔赴战场，是为了参加一场重要战争，路上遇到一只小兔，为了得到小兔，结果丢掉一场战争，值不值？

人生要学会留白，圆满未必艺术。舍弃不重要或不宜做的事情，把自己最大的精力和智慧投入最值得的地方上，如此成功便不再复杂，人生便不再纠结。有些人之所以活得幸福，活得安心，并不是因为他们足够完美，更多在于他们能够把握"有所为"和"有所不为"的界限，适当给生命"留白"。

国际著名的设计师安德鲁·伯利蒂奥就是因为放弃了"超人"的想法，学会了给生命"留白"的智慧，最终不仅取得了斐然的业绩，还过上了松弛有度、安然洒脱的日子。下面，让我们来看看他是如何做的。

安德鲁·伯利蒂奥曾经以为自己是个无所不能的"超人"，他除了每天进行设计和研究工作外，还负责公司制度的制定、考勤等很多方面的事务，几乎公司的每一件工作他都要亲自参与。整天忙得晕头转向，作品的质量却常常不尽如人意，公司也没有取得令人骄傲的成绩，安德鲁对此很不解，便去请教一位教授。教授给他的答案是："你大可不必那样忙！关键在于分好工作内容的主次。"

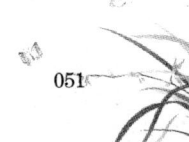

听到这句话的一瞬间，安德鲁醒悟了。原来，一直以来他很大一部分时间都浪费在管理其他乱七八糟的事情上，而最重要的设计工作反而只能占用一小部分时间，由于时间紧凑，作品的质量自然就受到了很大影响。从此，安德鲁调整了时间分配，他洒脱地把那些无关紧要的细小工作交给助手去做，自己则把时间集中用在设计工作上。然后，把所有精力拿来思考如何实现与重要客户的交易，以及公司如何能够获得最大利益等。

当然，公司并没有因为安德鲁的"撒手不管"而乱成一团糟，或者颓废不前，相反，它焕发出了鲜明的活力，在设计界的地位越来越重要。而安德鲁过得逍遥自在，工作业绩却斐然，他还写出了建筑界的"圣经"——《建筑学四书》。

学会有所为有所不为，通达和坚守一并而行，有取有舍，有进有退，这是一种成熟智慧的生活态度。在日常生活中，我们每天要做的事情的确很多。你不妨开一张清单，将要做的事情设定明确的有限顺序，知道优先做什么，重要在哪里，而可做可不做的事情则可暂时放一边，或者交由他人处理。

水墨"留白"，可得磅礴之气；心灵"留白"，叫人聪颖豁达。那么给生命留白，就是充实生命。给生命留白，有所为有所不为，生命就有了缓冲的余地，有了可收可放的活动空间，就可以从容地调整进退，就会滋生出无穷无尽的留恋和回味，天开地阔，心高路远。如此一来，也就赢得了安然淡定的人生！

第 3 章
淡泊名利，既无风雨也无晴

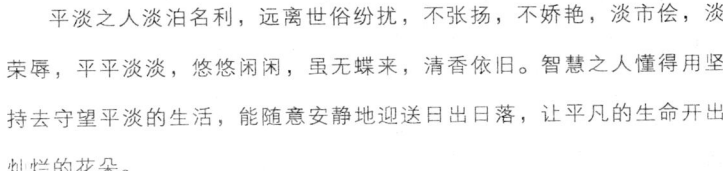

> 平淡之人淡泊名利，远离世俗纷扰，不张扬，不娇艳，淡市侩，淡荣辱，平平淡淡，悠悠闲闲，虽无蝶来，清香依旧。智慧之人懂得用坚持去守望平淡的生活，能随意安静地迎送日出日落，让平凡的生命开出灿烂的花朵。

1 平淡如水蕴藏绝世真情

风雨人生，平淡是真。

电视剧上唯美纯净缠绵悱恻的爱情演绎，令人心生羡慕；古今中外的名人中独一无二浪漫恒久的恩爱夫妻，更令人无比仰慕。但在凡俗里，更多的是平凡人物的平常日子，爱情，也是凡俗里的平淡生活，是柴米油盐的琐碎。

恋爱的人骨子里都是追求浪漫的，但这种浪漫情怀却很容易在柴米油盐的婚姻生活中消磨殆尽，只剩下平淡如水的日子。就连三毛都说，"爱情看起来很浪漫，很纯情，可最终现实是残酷的，因为它经不起柴米油盐的烹制。"

的确，生活不是电视剧，婚姻更不是偶像剧，不会每天都有那么多的惊喜，不会每天有那么多的浪漫，它很平凡，它很平淡，但是婚姻生活的真谛就在于琐碎的柴米油盐中，实实在在的生活才是最重要的，才是生活真实的滋味。

她和他在电影院偶然相遇，一见钟情。新婚生活是美好的，两人各自忙着自己的事业，回到家就是柴米油盐，可是渐渐地喜欢浪漫的她觉得日子太过平淡，对爱人没有了心跳的感觉，她甚至觉得他不是真的爱自己，提出了离婚。

男人深爱这个女子，他艰涩地问："为什么？难道你觉得我不够爱你吗？那你说，我哪里做得不好，我要怎么做，你才能改变注意？"

她说："我问你一个问题，如果你的答案我能接受，那我就选择留下。假如我非常喜欢一朵花，但是它长在悬崖上，如果你去摘，一定会掉下去摔得粉身碎骨，你还会为了我去摘吗？"

他沉默了一会儿，然后说道："我想一下，我明天早上给你答案。"

第二天早上，她醒来时他已经出去了，桌上依然像往常一样放着一碗她最爱的、热腾腾的米粥，下面压着一张他留下的纸条，上面写着满满的字。看了第一行后，她的心一下子沉了下去，但……

亲爱的：

我确定我不会去摘那朵花，理由是：

在这里住了这么久，你出去还是经常找不到方向，然后就开始哭，所以我要留着眼睛帮你看路。

别人惹你生气时，你总是不说话，喜欢一个人生闷气，而我怕你气坏了身子，所以我要留着嘴巴逗你开心。

你每月那几天都会疼痛难忍，而我要留着手给你暖肚子。

你出门总是忘记带钱包，买好了东西才发现没带钱，而我要留着脚跑去给你送钱，让你把喜欢的东西买回家。

因此，在确定你身边没有更爱你的人之前，我不想去摘那朵花……

亲爱的，如果你接受我的答案，就把房门打开吧！我正拿着你最喜欢吃的豆沙包在门外等着呢……

她打开了房门，扑在他怀里放声大哭，她不再需要那朵花了！

锅碗瓢盆所演绎的琐碎生活，总会将风花雪月尘封在时光的沙漏里。走在婚姻的路上，也许他没有天天对你说"我爱你"，但他为你打上一把遮风避雨的伞，为你沏上一杯飘着香气的茶，为你盖上早已暖热的被，给你一个宽大而坚强的肩膀，给你一个释放委屈的拥抱……谁能说这不是另一种意义上的浪漫呢？

关于爱情，它的表现方式有很多种。有一种爱情像烈火般地燃烧，刹那间放射出的绚丽光芒，能将两颗心迅速融化；也有一种爱情像春天的小雨，悄无声息地滋润着对方的心灵。前者声势浩大却只能灿烂一时，后者平平淡淡却绵延不断。真爱不在于一瞬间的悸动，而在于两个人默默守候。

有这样一对中年夫妇，他们是朝九晚五的上班一族，而且工作地点离得很近。每天早上，先生都会骑着自行车送妻子上班。上车前，先生都会等妻子在车后座坐稳了才跨上车用力一蹬，而且不时地回头关照一下他的妻子，举手投足间透着对妻子的关爱。而妻子如公主一般幸福地坐在车后座上，双手轻轻搂着丈夫的腰，脸上也洋溢着满足。下班回到家，狭小的厨房里，妻子不停地忙碌着，饭锅里正冒着热气，厨房里氤氲着一层饭香的烟雾。而他也不闲着，浇花、收拾房间、扔垃圾等，两人有说有笑，消除了一天所有的疲劳，绵延出了无尽的满足与幸福。

妻子从小体弱多病，到了冬天手脚异常冰凉，先生就每天用自己的双手为妻子按摩搓脚，再用自己的体温为她保温；当先生说出自己想吃的东西时，妻子一定会记得，并且在下班后买给他；看到妻子因为腰上长出了"游泳圈"而烦恼不已，他从来都没嫌弃过她的身材走了样，主动说要陪她一起锻炼身体；先生在单位遇到了不顺心的事就心情不好，但妻子从未抱怨过，等先生的情绪稳定下来之后，再询问到底是怎么回事，帮他分析，一起想解决的办法……

几十年来，无数个朝朝暮暮，他们都是这么平静地生活着。岁月在他们脸上毫不留情地留下了皱纹，然而他们的心却依然年轻，仿佛还是热恋中的少男少女。虽然没有一束束的玫瑰花，虽然没有一起吃过烛光晚餐，虽然没有在朋友面前秀过恩爱……但他们的爱却是最朴实、最真切、最贴心的，有一种"执子之手，与子偕老"的安详。

其实，无论是怎样感人的爱情，激情过后终究要归于平淡，爱情终将以朴实却又温馨的生活作为延续，这是生活的常态。心无法总是在虚无的浪漫中飘荡，只有柴米油盐才能让心尘埃落定……只要用心体会，幸福时刻都围绕在我们身边。细水长流的爱情，像春风拂过，轻轻柔柔，一派和煦，让人沉醉入迷。

是的，我们不能拥有琼瑶小说里惊天动地的爱情，没有徐志摩林徽因惊鸿一瞥的爱情，但我们可以有平凡的生活，凡俗的爱情。在柴米油盐中精心呵护爱情，弹奏一曲属于自己的幸福乐章，就如一首歌中所唱："柴米油盐酱醋茶，一点一滴都是幸福在发芽……"是的，幸福在发芽、成长、直至开花、结果。

2 平凡生活，花香满心

快乐就像棉花糖，慢慢品，甜到心里。

人生说穿了只有几个字：生老病死是状态，喜怒哀乐是情绪，衣食住行是消费。人活着，体会的是一种感觉，品尝的是一种滋味。我们每个人都向往着快乐，那么什么是快乐呢？快乐是个很大很远的名词吗？

不是的，快乐存在于小事当中。快乐不是长生不老，不是大鱼大肉，不是权倾朝野，而是小事的堆积。生活中的一句话，一件小事，一个眼神，一句鼓励，一句安慰都是一种快乐的暗示，不过只有善于发现和体味的人才能感觉到。道理很简单，快乐不在于拥有多少，而是一种感受、一种心境。

玛雅虽然相貌不出众，才能不拔尖，是一个各个方面都普普通通的女人，但是她却是自己圈子里最有魅力的。不为别的，在生活中她总是微笑着，看起来活得很快乐，甚至经常在一个人做什么事的时候她会忽然笑起来。

"玛雅你笑什么呀？"同事问。

玛雅用手一指办公室的窗外，"你看那个树上挂着一个鸟窝，鸟窝上粘几片叶子，还有那个树枝，哈哈。"

同事们瞧了瞧，不以为然，玛雅就用手机拍下来，给大家看。果然照片上显示出一个笑脸"^_^"，那是由鸟窝、树叶和树枝组成的。这么别致的笑脸，每天挂在办公室窗外的树上，发现它的只有玛雅一个人，她就比其他人快乐得多。

有人会羡慕地说，你看谁谁多快乐，真让人羡慕。是他们真的幸运吗？事实上，他们或许有着更多的烦恼，只是他们善于从生活中一件微不足道的小事中发现快乐、咀嚼快乐，并品尝这些小小的快乐带给自己的满足。这就像棉花糖，一絮絮、一丝丝，慢慢品尝，就会有甜味，甜到心里。

遗憾的是，平时有些人忙于工作、应付压力，缺少了发现的心情，致使生活失去了乐趣，平凡的生活变得平淡寡味。正如澳大利亚作家安德鲁·马修斯所说："每个人都希望自己是快乐的。可我们都太忙了，都把快乐这事给忘了。"

有一个小和尚过得很不快乐，于是他向禅师请教快乐之道。

禅师讲了庄周梦蝶的故事：有一天黄昏，庄周一个人来到城外的草地上，他仰天躺在草地上，闻着青草和泥土的芳香，尽情地享受着，不知不觉睡着了。他做了个梦，在梦中他变成了一只蝴蝶，在花丛中快乐地飞舞。上有蓝天白云，下有金色土地，还有和煦的春风吹拂着柳絮，花儿争奇斗艳——他沉浸在这美妙的梦境中，完全忘了自己。突然间庄周醒了过来，虽然刚刚只是一个梦，不过庄周觉得快乐极了。"

故事讲完后，禅师对小和尚说："一只小小的蝴蝶在梦里飞入了庄周的心，也能让他变得快乐起来，那么生活中还有什么事能让他担忧呢？快乐无处不在，许多点滴都值得我们细细品味，咀嚼。"

小和尚听完禅师的话后，终于明白了快乐的道理。

常常我们被不快乐迷惑，忽略也遗忘了快乐。庄周在梦中化为蝴蝶，从喧嚣的人生走向逍遥之境，看到自己"飞舞"的模样，惊觉自己的快乐，这是庄周的大幸。这正如禅师所说"快乐存在于平淡的生活之中，快乐无处不在，许许多多点点滴滴都值得我们细细去品味，去咀嚼。"

如果想做个永远快乐的人，就要学着细心一点，用心一点，在平凡生活

第一辑 岁月悠悠，枯荣有时
智者，行云流水看人生

中寻找快乐，感受那些小小的快乐，为一个小小的祝福而心存感激；为一份小小的友情真诚的感动；为一个小小的礼物欢呼不已；为一个小小的关心充满怀念……也就是这些小小的快乐，让我们的生活变得多彩，生命变得更可亲，更让人眷恋。

英国一家名叫"三桶白兰地"的机构，发起了一项针对3000名英国人的小调查。调查中，研究人员列出了50个不同的选项，让这3000名受访者勾选。其中，"在旧牛仔裤的口袋里发现10英镑"成为了最让英国人感到快乐的一件事。10英镑就可以换来快乐，这样让人感到幸福的小事其实还有很多很多。

不管富贵与贫穷，我们都需要懂得寻找人生的快乐。一点点积攒身边每件小事带来的快乐感，你会发现，忧愁和压抑感会自然从内心深处消失，你已经体味到了快乐的滋味，你也可以主动去寻找这种快乐的感觉，让自己平凡的生活发生奇妙的变化，让平凡的日子处处飘满快乐的花香。

列出能让你切实感觉到幸福的小事吧：
泡个热水的澡
大冬天在被窝里看电影
烧拿手好菜给心爱的人吃
父母脸上的笑容
朋友们愉快的聚会
一个人旅行看到的美景
收拾得干干净净的书桌

享受清晨的微风

　　看一本好书

　　听一首小夜曲

　　独酌一杯小酒

　　……

3　完成一株花的使命

　　平凡如清泉，清冽甘甜。

　　在遥远偏僻的小山谷里百花烂漫，牡丹、玫瑰，还有丁香等。人们从来不知道，这里还有一株小小的百合，没有人欣赏它、赏识它。百合花暗暗鼓励自己，"我要开花，是为了完成一株花的庄严使命；我要开花，是由于喜欢以花来证明自己的存在"。就这样，百合花绽放出了洁白无瑕的花朵，一朵一朵……

　　在荒凉的山谷里，百合没有骄傲的姿态，却总是默默地给群山穿上春天的花衣；她没有美艳的身姿，却深情地热爱着她生长的大地；她没有顽强的生命力，但懂得在有限的生命里展现自己无限的美。为了使大山变得美丽，为了使人间闻到花香，为了使山河更加壮丽，她辛勤、努力地开放着，成为了一道光彩的风景线。

身在繁华都市，谁不想飙发凌厉、叱咤风云？谁不想挥洒自如、轰轰烈烈？然丹表留名者有几？辉煌的成功只属于少数幸运儿，绝大多数人只能默默无闻，过着平淡似水的平凡生活。既然如此，何不像百合花一样安于平凡，享受悄然开放时的美丽？何不丢下那份功名心淡泊地享受平凡的恬淡，看花开花落云卷云舒？

辉煌者自有辉煌者的成就，平凡者自有平凡者的风韵。

因为平凡，你可以不计较世俗的名利和纷争，远离尘世的喧嚣和是非；可以在春日的暖阳中睡个天昏地暗，可以在冬日的余晖里抱一本好书读个如醉如痴；因为平凡，你可以细品人生的酸甜苦辣，可以慢吞人生的悲欢离合。如果说超越平凡是人生的一种极致的话，那么享受平凡无疑是人生的一种境界。

的确，生命是一个过程，而生活是一叶小舟。当我们驾着生活的小舟在生命这条河中款款漂流时，我们的生命乐趣，既来自对伟岸高山的深深敬仰，也来自于对草地低谷的切切爱怜；既来自于与惊涛骇浪的奋勇搏击，也来自于对细波微澜的默默深思。无论轰轰烈烈，还是平平凡凡，都一样能展现人生的价值和精彩。

甚至，有一位学富五车、饱经沧桑的哲学家这样说："年少的时候，总觉得人生应该像大海一样波澜壮阔，才不枉走一生。但是经过几十年的风风雨雨之后，才恍然大悟：人生中精彩的事情占5%，痛苦的事也占5%，剩余的90%则全部都是平凡。平凡是生活的本质，在淡淡中享受生命是最真实的姿态。"

平凡是生活的本质，是做人的常态，但是平凡绝不是平庸。平凡是一种真实和从容；更是一种雍容和品位。我们可以功不成、名不就，可以无过人之才，也可以无惊世之举，但我们可以在平凡中实现自己的价值，在平凡中张扬理想的风帆，在平凡中创造生命的辉煌，实实在在做人，脚踏实地做事……

有一位教授曾讲起过他的经历："通过多年的教学实践，我发觉一个奇怪的现象：有许多在校时资质平平的学生，他们的成绩大多在中等或中等偏下，没有特殊的天分，有的只是安分守己和诚实的性格，不爱出风头，默默地奉献。他们平凡无奇，但毕业几年甚至十几年后，他们却事业成功，而那些原来看来有美好前程的孩子，却一事无成。这是怎么回事？"

老教授很是纳闷，常常暗自思索，最后他终于得出一个结论：成功与在校成绩并没有什么必然联系，而是和踏实的性格密切相关。平凡的人比较务实，比较能自律，比别人更努力，所以更多的机会就落在这种人身上。平凡的人如果加上勤能补拙的特质，成功之门必会向他大方地敞开。

由此，我们可以发现一个生活道理：于平凡中能产生无数奇人奇事，在普通处可孕育无穷大德大能。如果你觉得自己没有特别杰出的能力，那就尽可能地试着做一个平凡的人物，学会品味平凡，真诚地享受平凡，并做到持之以恒，这样的生活再平凡也是真切而充实的，而且你就是成功而了不起的。

融入银河，就安谧地和明月为伴照亮长空；没入草莽，就微笑着同清风染绿地。做平凡人，持平凡心，干平凡事，享受平凡生活，是人生的一种快乐，也是人生的一种境界。在平凡中用心品味，平凡中的一草一木，平凡中的一人一事，总能让我们震撼并感动着，平凡的生活本身就是一个"大师"。

徐先生是一名艺术工作者，集戏剧、音乐、绘画创作这些才华于一身。很多人以为从事艺术工作的人通常都活得很绚烂，生活多彩多姿。然而十几年来，徐先生却偕同家人隐居山林，过着最简单、最朴素的生活。在他眼里，平凡孕育着一切，包容着一切，一切都蕴含在平凡之中，他创作的灵感都来源于平凡的生活。

譬如，他每天起床后第一件事就是要查看水源。他沿着水流一路寻去，一直寻到尽头才发现，原来水源处只有一点点极其细微的水，完全不是一般人想象的水流湍湍的景象。他反思："任何一条大江、大河，都是汇集四面八方而来的水流，一点一滴才形成的。创作不也是如此吗？"清晨他与家人相伴相携着闲庭信步在林间，晚上则邀朋携友的听风赏月，此时的心海是温润的，此时的心情是愉悦的，灵感自然就来了。

平凡像山野之侧的一泓清泉，人来人往，无人在意，只有渴了累了用它解渴洗脸时，你才会发现它的清冽和甘甜；平凡的日子，就像把一小撮龙井投入一口煮满开水的大锅,虽然味道平淡,却使人心游万仞,神驰八极……

走过了一座座山,趟过了一条条河,在经历了人生旅途不停地跋涉之后,我们依旧平凡,平凡得如同野外不为人知的百合花,但我们也要在平凡中享受平凡,扎实于脚下的这片土壤,默默开出自己的美丽,寻找人生的另一种精彩。

4　人淡,素心若莲

"人"字一撇一捺够简单的了,但却是最聪明又最复杂的动物,偏偏习惯把简单之事复杂化,把微小之事放大化,如此生活就会变得冗繁复杂、沉重忙乱。时下,不少都市人士常抱怨工作累、生活累、活得累。单纯的工作累或者生活累其实只不过是一个说辞,心累,这才是实质。

不知道从什么时候开始,我们的周围开始时时充斥着金钱、功名、利益的角逐,处处都充斥着许多新奇和时髦的事物……人人都在追求高品质的生活,人人都想得到自己想要的东西,追求的目标越来越多,奔跑的速度越来越快,整天忙碌着,奋斗着,"心"怎么会不累呢?"累"

是一种必然。

　　一个年轻人觉得生活很沉重，便问智者：生活为何如此沉重？智者听罢，就随即给他一个篓子，让他背在肩上并指着前面一条沙砾路说："你每走一步就捡一块石头将之放进去，最后体会到会有什么感觉。"

　　年轻人就背上篓子，一路不停地拾捡，走到路头，他就回过头来对智者说："越来越沉重了！"

　　智者说："这也就是你为什么感觉生活越来越沉重的原因。每个人来到这个世界上时，都会背着一个空篓子，然而我们每走一步都要从这世界上捡一样东西放进去，所有才有了越来越累的感觉。"

　　年轻人放下篓子，顿觉轻松愉悦。

　　与其抱怨世界复杂，不如心拥简单，把世界上一切复杂的纷扰都化"繁"为"简"，没有占有和控制人、物的负担，没有攫取金钱、财富、名利等的欲望，就像一个长途跋涉者，甩掉一个又一个沉重的包袱，你的心便会淡然及至豁，生命的路途上是何等轻松快乐啊！沿途的大自然景色是何等的美丽啊！

　　由此可见，简单是一种境界，是人生心境上的一种历练、豁达；简单是一种完美的生活态度，是经历人生冗杂后凝就的一份精髓。简单，是平息外部无休止的喧嚣，回归内在自我的唯一途径．更是一种至纯至美的人生境界。

　　年轻的时候，玛丽比较贪心，什么都追求最好的，拼命地想抓住每一个机会。有一段时间，她手上同时拥有十三个广播节目，每天忙得天昏地暗。

事业越做越大，玛丽的压力也越来越大。到了后来，玛丽发觉拥有更多、更大不是乐趣，反而是一种沉重的负担。她的内心始终被一种强烈的不安全感笼罩着。

一天，玛丽意识到自己再也忍受不了这种生活了，用这么多乱七八糟的事情来将自己清醒的每一分钟都塞得满满的，简直就是对自己的一种折磨。也就是在这个时候，她终于作出了一个决定：要开始摒弃那些无谓的忙碌，让生活变得简单一点，只有这样才能活出自我来。为此，她着手开始列出一个清单，她把需要从她的工作中删除的事情都排列出来，然后采取了一系列"大胆的"行动。取消了一大部分不是必要的电话预约，打电话给一些朋友取消了每周两次为了拓展人际关系的聚会，等等。

就这样，通过改变自己的日常生活与工作习惯，通过去除烦躁与复杂，玛丽感觉到自己不再那么忙碌了，还有了更多的时间陪家人，有了更多的思考时间，因为睡眠时间充足，心态变轻松了，她的工作效率得到了很大的提高，身心状况也变得好了很多，而且她每天都会有快乐和愉悦的心情，乏味的平淡生活得到了点缀。

确实，生活原本是简单的，当一个人在生活上的需要简化到最低限度时，就会少些患得患失，多些从容淡定，心神更加安详。因此，也就能够全身心投入到生活中，体验生命的激情和至高境界，获得极为丰富精彩的人生。这正如一位哲人所言："生命如果以一种简单的方式来经历，连上帝都会嫉妒。"

清人刘大魁在《论文偶记》中写道："凡文笔老则简，意真则简，辞切则简,理当则简,味淡则简,气蕴则简,品贵则简,神远而含藏不尽则简,故简为文章尽境。"做美文须如此,做人也一样。淡定、澄明、雅致,在简单中顺畅,在简单中成就,在简单中自得,这种简单很可敬,此种心境甚是可贵。

美国人亨利·戴维·梭罗是一名作家,他一个人在瓦尔登湖畔建造了一栋木屋,然后自己种田自食,靠打工的钱添置生活必需品。他住的木屋面积不大,穿着半新不旧的衣服,吃田间的马齿苋、玉米饼面包之类能维持人日常活动能量的食物。当然这也并不是说他没有能力为自己买一座大房子以及新衣服等,这只是他选择的生活方式。

后来,由于梭罗在文学艺术上做出了巨大贡献,有关部门给他免费提供了一所住宅,并决定聘用他——但是他拒绝了,他说:"如果我接受那些外在的房子、物质等,不仅要为之耗费精力,还很有可能受到诱惑,杂念和烦恼自然也就会束缚我的内心,同时也束缚了我的生活。奢侈与舒适的生活,实际上妨碍了人类的进步。"

从1845年7月到1847年9月,梭罗独自生活在瓦尔登湖边,差不多正好两年零两个月。瓦尔登湖不仅为梭罗提供了一个栖身之所,也为他提供了一种独特的精神氛围,之后他推出了自己的作品《瓦尔登湖》,文学界评价说这是一本"超凡入圣"的书。

"奢侈与舒适的生活,实际上妨碍了人类的进步。"梭罗的话道出了伟大的"秘诀"!阅读《瓦尔登湖》是一个让紧张得以释放,心灵趋于宁静的过程。瓦尔登湖,梭罗的湖,澄澈见底,不染纤尘,是心灵的湖泊。我们应该像梭罗那样化"繁"为"简",去寻找一个能让自己获得平静、自在、坦然、简单的湖泊。

"菩提本无树,明镜亦非台;本来无一物。何处惹尘埃。"将生活化"繁"为"简",用纯粹的心体味生活,不必挖空心思依附权势,不必贪图名利富贵,更无须去计较那些不必要的复杂,简简单单地存在,势必能够在繁乱都市中收获一颗若莲素心,体会自身生命的精彩,感受生活的意义。

5 一分惬意,一分精致

生活可以简陋,却不能粗糙。

如果用一个词语来形容一下目前的生活状态,你会想到什么词语呢?忙碌、悠闲?充实、无聊?紧张、平淡……相信很多人不会用到"精致"这个词语。什么是精致?精致是情致、情趣、美好、优雅的意思,强调的是一种生活质量。

每个人的生活都不一样,犹如瓷器,有的裹着华丽的外衣,有的素雅而毫不起眼。选瓷器就如同过日子,挑挑拣拣的,把最喜欢的带回了家,可还得小心翼翼呵护着。瓷器很精致,我们的生活也要像呵护瓷器般精致。

生活可以简陋，但却不可以粗糙。

甲来自黄土高原的一个小乡村，他的家是常人无法想象的困窘，但是他那瘦削美丽的母亲经常说的一句话是：生活可以简陋但却不可以粗糙。她给儿子做白衬衫白边儿鞋，让穿着粗布衣服的甲在艰苦中明白什么是整洁与有序，并且学会了这一习性。他相貌干净，衣服整洁，洗得发白的床单总是铺得整整齐齐。

乙是甲的一位朋友，是富裕家庭里的"宝贝"，他的衣服装满了衣柜，可是没有一件平整干净。他总是把衣服随随便便地一扔，想穿了就皱皱巴巴地套上，他的床上，横看竖看都是乱。他头发总是在早晨起来变得"张牙舞爪"，怎么梳都不顺。他最习惯说的一句话是："一切都乱了套，这日子没法过了。"

乙总也弄不明白，甲怎么每一天的日子都过得有滋有味。

甲虽然家境困窘，生活平凡，但他的整洁与有序使他的生活变得美了起来。看到了吧，生活虽然有时很简陋，我们只是毫不起眼的平常人，但是只要咱们有心，就一定可以寻找到安抚自己的精致，让平常的生活开出精致的花。

精致，是对美最好的注解，能使平凡生活不再平凡。精致，是一种博雅的情怀和品位，是靠环境的熏陶、严格的家教、学问的培养等养成的，是无形的，内在的，自然的，很难用语言描绘和界定，不过它却可以孕育于中而行于外。

精致首先是一种自爱，无论在何种场合，你的着装、打扮都必须讲究整洁，给他人以美的享受。法国巴黎著名的形象设计师萨克拉斯说："我们看到一个人，最初的印象从他的体貌服饰上获得，而对人物内在的素质美，要用时间来检验。"由此可见，形象是每个人向世界展示自我的窗口，精心打扮自己，每天以美好的形象出现吧。

精致，更多体现在细节方面。试想，你走进一间房屋，看到地板被擦拭得一尘不染，明镜的玻璃从床边一直延伸到了门口，墙壁上挂着一串淡紫色的鲜花，桌上还有序地摆放着各种精美的小饰品……这一切景象是不是会流露出一种恰到好处的美丽，令人心旷神怡？这正是精致的魅力所在。

日本人认为生活不能是粗糙的，他们随时随处对细节高度重视。一块纸尿布，未用时平常无奇，一旦尿湿，彩虹图案赫然出现，提示父母该替宝宝换纸尿裤了；一只杯子，握在手掌里，手弯曲成什么样的弧度才最舒适；一双筷子，包装纸上印什么字、用什么字体方能凸显食物的气质；一处房子用多少盏灯、挂在哪里是最恰当的……这种平实外表下精致的细节理念，打造出了相对高质量的生活，值得我们思考。

精致是一种慢节奏的慵懒，匆忙之人享受不了精致。这里的"慵懒"一词并不表示自由散漫，而是不被生活威逼去过快节奏的生活，这是一种闲适无忧的生活状态。用很长的时间画一个完美的妆，或者给自己或爱人慢慢熬制一锅汤；在阳光下细品着下午茶，说着无关紧要的闲话；偶然的空闲，窝成猫儿的形状，躺在沙发或者床上偷得浮生半日闲……极致的慵懒，就是一种惬意，一种精致。

打造精致生活，从点滴做起。就是这么一点改变，你的生活就会不同。但建立和保持一种精致的生活却是不易的，这需要不断改进自己的生活习惯，提高自己的觉悟和鉴赏能力，同时不断丰富内心生活，提升自己对生活的理解和品味。

也许，有时候你的生活已经不能精致，但是只要你保持一颗精致的心，拥有爱生活的心情，创造美好，拥有美好，维护美好，那么即便再荒凉的生活中，仍然能留存许多暖意，温暖自己，也温暖他人。

小镇上有一个摆地摊的女人，男人在工地上做杂工，一喝酒就爱打她，她还有一个瘫痪在床的婆婆。照理说这样的女人应该是很落魄的，可她活得从容而优雅。女人头发很长却总是梳理得纹丝不乱，一袭紫色长裙虽然只是廉价的衣料，却显得款款有致。她优雅地守着地摊，温文婉约，笑意姗姗。这样的明亮让人没有办法拒绝，人们有事没事都爱到她的摊子前去转转，临了买一件两件小商品带走。

几年后，女人用积蓄居然买下了一辆汽车。她把男人送去考了驾照，做了出租车司机。她则随车子来回跑，热情地招徕顾客。湖蓝色的坐垫，淡紫色的窗帘，车和她的人一样优雅，自然吸引了不少坐车的顾客。日子渐渐红火起来，不料丈夫意外出了车祸，搭上一辆车，还欠了几十万元的债务，她的腿也受了重伤，住了院。

人们都以为，她这下子是爬不起来的了。可是半年后，她又在街头摆上了地摊儿,她照例盘发,穿旗袍,腿部虽落下小残疾但也不妨碍脸上的笑容,她的丈夫此时对她好了许多,经常过来帮她打点生意。过了两年,女人又攒够了一笔钱买了两辆车,一辆自己跑出租,一辆让丈夫跑长途,小日子过得红红火火。

这个穿旗袍的女人可以说生活在社会下层,每日为了生计而奔波劳累,但是她不抱怨、不咒骂简陋的生活,也没有磨灭内心对美的渴望,好像自己是最优雅的女子一般,她的生活快乐而平和,这正是一种精致的存在。

原来,生活每天都可以精致,再平凡的生活也能精致。

6 幸福在那一刻绽放

幸福是开在尘埃里的花,伸手可及,不需仰望。

等将来有钱了,一切就好了。有了钱能买到好吃的、好穿的、好住的,就能提高生活的质量,到时候就幸福无忧了。你是不是也经常一边忙忙碌碌奋斗,一边这样安慰自己?但拥有了金钱真会拥有幸福吗?未必!

有这么一个故事。

一个富翁坐拥百万资产,并拥有一栋豪华住宅,但是他时常觉得生活痛苦,因此寝食不安,闷闷不乐,他觉得等将来更有钱了,一切就好了。

一天,富翁去乡下旅游,他看到一家做豆腐的穷夫妇,他们穷得只剩下光秃秃的四面墙了,每天需要从早忙到晚,不停地做豆腐、卖豆腐,但是他们脸上常常挂着微笑,孩子们也在笑声中玩耍,皆没有因为家境贫寒而闷闷不乐。

富翁很奇怪,不解地问:"你们这么贫困,为何看起来这么幸福?"这个女人放下手中的活,回答道:"我们是没钱,但我们一家人可以整天在一起劳动,父老乡亲可以享受我们的美味食品,我们又可以交到很多的朋友,为什么不幸福呢?"

富翁怔住了,惊诧不已,思索良久……

在这个事例中,百万富翁和乡下仅能温饱的豆腐女,物质上显然不成比例,但在精神的愉悦上,前者并不见得会比后者开心。由此可见,幸福与一个人所拥有的物质财富的数量不能画等号,因为幸福和心态有关,幸福的成本很低!其实说白了,幸福完全是一种对生活的认同和心灵的感受。

一个人只要内心觉得幸福,清贫而听着风声也是一种幸福。孔子曾经夸赞他最疼爱的弟子颜回:"贤者回也,一箪食,一瓢饮,在陋巷,人不堪其忧,回也不改其乐。"住在一个破烂的小地方,厨房里只剩下一小筐粮食,一小勺水,别人都忧虑得焦头烂额了,颜回仍然不改其乐,无疑他是幸福的。

没有钱不一定不幸福，如果一定要给幸福加上成本，那么低成本的幸福往往更让人快乐。低成本的幸福生活，未必不是没有质量的。所谓低成本幸福，就是知足常乐、笑逐颜开，用平常心观平常事，在不起眼的生活中寻找幸福。生活中，大凡追求低成本幸福的人，往往在不起眼的地方常怀有幸福感。

亚马孙河流域的热带雨林里，有一种藤本植物生长在被高大茂密的树木遮蔽得严严实实的林子里，难以见到阳光。但就是这种植物练就了一种特殊本领：它们能抓住从树缝里透射进来的一点点阳光，瞬间开出绚丽的花朵！人生其实也需要抓住幸福的本领，哪怕是缝隙里透过来的一点点"阳光"，也要将自己的幸福彻底绽放。

眼前的一山一水、一草一木、鸟语花香，生活中的人情世故、家庭的天伦之乐都是感受幸福的平台。清人石成金的《莫恼歌》说出了低成本幸福的本意："莫要恼，莫要恼，明日阴晴尚难保。双亲膝下俱承欢，一家大小都和好，粗布衣，菜饭饱，这个快活哪里讨。富贵荣华眼前花，何苦自己寻烦恼。"

下面，让我们来看看日本喜剧泰斗、著名作家昭广的成长故事。在日本"二战"后那段物资极度匮乏的日子里，外婆用信念和智慧将生活打理得温暖而光亮，教会了昭广如何在平凡中发现幸福和快乐，用真心去展露笑容。

"二战"结束以后,因为生活的变故,年仅8岁的昭广被寄养在乡下的外婆家里。外婆家十分贫穷,昭广喜欢运动,外婆没有能力购买体育用品,便就建议昭广练习跑步,因为跑步是不用花钱的,昭广后来竟然成为了运动会的赛跑明星。

为了维持生活,外婆在家门外的小河里横着放了一根木头,用以拦截上游漂浮过来的各种物品,穿破的衣物,不够规格的蔬菜,畸形的水果,树枝,等等,外婆说这是她家的超市。每当上游漂下来很多东西的时候,看着这些战利品,昭广和外婆都会为这意外的收获而欢呼雀跃。有时候木头什么也没有拦截到,外婆会说:"今天超市休息吗?"

昭广与外婆一起生活了8年之久,在开朗乐观的外婆那里昭广学会了许多,无论遭遇怎样的困境,他都能够微笑面对。他将生活的真实感融入喜剧表演中,以精湛的表演将快乐传播给了众人,后来成为了闻名世界的喜剧演员。

昭广的故事在日本家喻户晓,相信每一个中国人也会从中得到有益的启示。是的,快乐和物质没有多大的关系,贫穷的生活也可以是幸福快乐的。而且,低成本的幸福是一种没有风险的幸福,是一种实实在在触手可及的幸福,也是一种精神的修炼和优良品性,还是一个人难得的精神财富。

幸福是每个人都需要的,要想在平凡的生活中活出一些味道来,我们必须得学学亚马孙河流域热带雨林里的藤本植物,有一点点阳光就尽情地灿烂。不要等到拥有了公司、拥有了亿万身家、拥有了私人豪宅,你才觉得是幸福的。怀有一颗幸福的心，学会降低幸福的成本，幸福就是无处不在的。

幸福，是一碗炸酱面就能饱腹的惬意；是拉着爱人的手走进 20 元一张门票的电影院。假如你认为旅游是一种幸福，那么在没有足够的经济支持或囊中羞涩时候，上网看世界风光的图片也是可以一饱眼福的。多么低的幸福成本啊！幸福其实没有那么贵，何不抓住每一刻好好享受呢？

7 淡去痛苦，下一站就是幸福

幸好还活着。

什么样的生活才是幸福的？相信很多都市人士都存有这样的疑问，也一直在寻求问题的答案，但是这个问题是没有标准答案的，因为幸福是一种心理感受，而每个人的感受又是不一样的，如有的人认为高官厚禄是幸福，有的人认为功成名就是幸福，有的人则认为家庭和睦是幸福……

不过，下面这个故事所给出的幸福含义则值得我们所有人思考。

依萨出生于纽约贫民窟的一个黑人贫穷家庭，他从小便感受到了生活的

艰难。缺衣少穿的生活、种族的歧视、同学们的取笑，常常让他伤心不已，他觉得自己是世界上最不幸的人，也几乎痛恨周围所有的人，他决心要出人头地，过上幸福的生活。

凭借勤奋的学习，依萨如愿考上了一所著名大学，但幸福的感觉很快离他而去，因为昂贵的大学学费还等着他。大学时期依萨一边学习，一边打工，熬到了毕业，并在一家大公司找了一份不错的工作，但他还是不幸福，因为他不但要受上司的气，还要受同事的排挤，他觉得只有拥有自己的公司才能过上幸福生活。依萨拿出自己几年的积蓄注册了一家销售公司，经过几年的努力他的小公司变成了大公司，他拥有了曾经梦寐以求的豪华别墅、高档轿车、巨额银行存款和美丽贤惠的妻子。但是幸福却没有随之降临，因为他的下属不但偷懒、工作效率低还总要求加工资；他的竞争对手心狠手辣，整天想着要挤垮他的公司。

由于心情不好，依萨开车时老走神，最终导致了车祸——他的高级轿车钻进了大货车底下。轿车报废了，所幸依萨只是受了点皮肉伤，没有生命危险。事后，一想到那惊心动魄的一幕，依萨就吓得浑身发抖，他突然明白，活着是多么美好啊，一个人只要拥有了生命，就是最大的幸福，没必要再奢求任何事情。

人的一生总会经历很多事情，也许我们生活并不富裕，也许我们没有成功的事业，也许很多不幸的事情发生在我们身上，于是很多人抱怨自己不幸福。但细想一下，那些跟生死比起来根本不算什么，还有什么能比活着更幸福呢？

在这生与死并存的世间，生命对于每个人来说只有一次，而且时间很短暂。人最大的财富和最珍贵的应该是"生命",就像电影《怪物史莱克》中演的那样,如果把一个人出生的那天抹去,恐怕就不会存在"金钱"、"权利"、"感情"这样或那样的种种纠结,没有存在过,也谈不上发生过,又何来幸福?

曾看过这样一个故事。

有一位年轻人老是埋怨自己贫穷,不够幸福,终日愁眉不展。
"穷?你很富有嘛!"一位智者由衷地说。
"这从何说起?"年轻人问。
智者反问道:"假如现在斩掉你一个手指头,给你1千元,你干不干?"
"不干。"年轻人回答。
"假如斩掉你一只手,给你1万元,你干不干?""不干。"
"假如使你双眼都瞎掉,给你10万元,你干不干?""不干。"
"假如让你马上死掉,给你1000万元,你干不干?""肯定不干。"
智者笑笑说:"小伙子,你已经拥有这么多财富,为什么还哀叹自己贫穷呢?"
年轻人愕然无言,突然什么都明白了。

看到这里,你是不是也会恍然大悟,感慨一句:"哇,原来我是这么富有!"

"愿以我一切所有,换取一刻时间"。伊丽莎白女王临终前的遗言,仿佛是一句警告,生命是最宝贵的拥有,活着是对生命价值与意义的最好诠释!

只要生命还在，就有希望和梦想；只要生命还在，就有幸福和快乐。活着，我们可以看花开花落云卷云舒，可以听潮起潮落甜言蜜语；活着，我们可以感受阳光的温暖，可以体会秋风的萧瑟……

既然如此，能够完好无损地活着就已经是极大的恩宠，又何必不断埋怨、纠结于生活中的种种不如意呢，这一切的一切都仅仅是生活中小小的插曲而已。抓住生活中的每一瞬间，揽尽人生百态，品尝五味杂陈，痛苦的滋味便淡了，幸福便在生命中得以显现。

第二次世界大战时，有一名士兵在一次战役中被炮弹击中，腿部流了很多血，他和一些同样在战场上受伤的士兵被送到了医院。在医院里，伤员们的脸上写满了颓废和恐惧，他们每天都处在忧虑和痛苦中。

经过医院的紧急抢救，该士兵脱离了危险，并最终苏醒了过来。只不过，他的左腿被截肢了，而且永远也不会再长出一条左腿了。截肢的疼痛时常折磨着他，而且他要承受自己已经是残疾人的精神压力，但他看起来一点也不悲伤，脸上反而洋溢着幸福的气息。

对此，其他士兵很不解。

该士兵解释道："我失去了一条腿，不能再在战场上奋勇杀敌，而且下半辈子要拄着拐杖或者坐着轮椅生活，这是令人痛苦的事情。不过，我还活着啊，这对我来说就是最大的幸福！我还可以吃饭，还可以喝水，还可以看到高远的天空和人间景象，还可以和别人握手，感觉到人体的温暖和无声的爱……"

"我还活着，这对我来说就是最大的幸福"，多么好的一句话啊！"活着"

原本是一件非常简单而又顺风顺水的事情，但当灾难来临的那一刻"活着"就变成了一件非常困难甚至是天方夜谭的奢望，人们才真切地感受到活着有多好！

当面临生活中繁杂的纠葛、苦痛、伤害、低迷等问题时，如果我们能够多和自己说"幸好我活着"，相信就会对生命有一个全新的概念，发现那些事情其实微不足道，不值得操心，进而满怀对生命的感激之情，将生活过得安然、幸福而有意义。

8 把梦想的种子埋进心里

追逐梦想的每一天都那么缤纷。

天地之大，你是不是深感无一处可供安心之所；时常感到没有精神，身心疲惫不堪；感觉生活就像一潭死水，无聊枯燥，看不到希望！为什么？没有梦想！没有梦想的人就犹如在迷雾中失去了方向，无法了解自己身处何方、该往何处，所能感受到的是无边的恐惧和迷茫。

这绝对不是危言耸听！梦想是什么？梦想是一个人内心里对人生、对自己的一种希望，因为梦想的存在人会奋发向上，积极追求。任何东西也取代不了梦想在一个人精神世界中所占据的分量，取代不了它带来的精神愉悦。没有梦想，或者说失去了追求梦想的心，生活是枯燥的、空虚的。

对此，学者周国平曾这样说过：一个有梦想的人和一个没有梦想的人是生活在完全不同的世界里的。如果你与那种没有梦想的人一起旅行，一定会觉得乏味透顶。一轮明月当空，他们最多说月亮像一个烧饼，压根不会有"明月几时有，把酒问青天"的豪情；面对苍茫大海，他们只看到一大滩水，绝不会像安徒生那样想到美丽的海的女儿……

怀揣梦想，严肃而认真地去面对它、实践它，让生活富有情调和意义，还是忽略或丢弃梦想，追求每天的安安稳稳，甘于现状，麻木不仁，让生活没了别的色彩？每个人都有自己的想法，有自己的追求。当我们做出决定的那一刻，命运也就注定了！功成名就者与碌碌无为者的主要区别正在于此。

一个真正善待自己的人，无论生活多么烦琐，处境多么艰辛，永远都会为自己编织华美绮丽的梦想，善待自己的梦想，追求自己的梦想，并用梦想陶冶自己的情操，润色自己的生活，将灰色的现实加上粉色的底片。无疑，这种人是懂得生活的乐趣的，他们的生活也会是光彩熠熠、多姿多彩的。

下面，我们来分享一个故事。

特莱艾·特伦恩特1965年生于津巴布韦，她只上了一年小学便被父亲打发回家，帮助家里做家务，并供哥哥上学。特莱艾有一个梦想，就是受教育的渴望。但是，每天哥哥放学，她总是迫不及待地翻看哥哥的课本，帮助哥哥做功课。小学老师知情后，恳求特莱艾的父亲让她回校，然而父亲不为所动，并在特莱艾11岁时将她嫁了出去。

一晃十几年，特莱艾已经是5个孩子的母亲，年过30依然贫困，更糟糕的是她的丈夫是一位艾滋病患者，常常毒打特莱艾。但是，特莱艾并没有放弃受教育的渴望。正在此时，一个国际援助组织的志愿者团队路过她居住的村庄，特莱艾向带头的一位志愿者乔·拉克道出了自己的梦想。有幸，乔·拉克女士并没有笑看特莱艾这"荒谬透顶"的梦想，而是说了一句鼓舞人生的话——只要你有梦想，你就能实现。

千里之行始于足下，特莱艾从为国际援助组织工作开始，攒下工资攻读函授课程，从小学课程一直补到高中，并被美国俄克拉荷马州立大学录取进本科学习。特莱艾家里卖牛，邻居们卖羊，凑了4000美元，特莱艾踏上了求学之路。她在持续的贫穷和疲累等种种困难中完成学业，直到2009年在美国西密执安大学获得哲学博士学位，现在她是国际援助组织担当项目评估专家。

自幼辍学，操劳家务；年幼嫁人，生活贫困；忍受着身患艾滋病丈夫的家庭暴力，特莱艾还能有多少人生追求、人生梦想和学业成就？可在这种种打击下，特莱艾始终铭记自己的梦想，没有放弃受教育的渴望，并且为之奋斗。最终，她的命运得到了转机，生活掀开了新篇章。

梦想是一种挥之不去的感觉、挥之不去的潜意识，是深藏在人们心灵深处最强烈的渴望。它像一粒种子，种在"心"的土壤里，尽管它很小，却可以生根开花。平凡简单的生活，并不意味着失去精彩。坚持自己的梦想，人生的精华就在此刻浮现。

梦想，给人们带来希望、光明和心灵的洗涤。每一次扬起风帆去远航，难免都会有阻挡，只要有梦想在鼓掌，未来就充满着希望；每一次张开翅膀去飞翔，难免都会受伤，只要有梦想在激励，未来就承载着希望。

还记得《牧羊少年的奇幻之旅》中所说的一句话吗？——"当我真心在追寻着我的梦想时，每一天都是缤纷的。因为我知道每一个小时，都是在实现梦想的一部分。一路上我都会发现从未想象过的东西。如果当初我没有勇气去尝试看来几乎不可能的事，如今我就还只是个牧羊人而已。"

你有多久没梦想了？你的梦想是什么？还记得吗？让我们种下一颗梦想的种子，并细心呵护，无论残酷的现实想要把它连根拔起，我们都不能屈服、不能放弃。终究，它会成长为参天大树。

第二辑　万法自然，禅在当下
幸福者，一池落花两样情

缘起即灭，缘生已空。万法自然，把握当下。闲看庭前花开，漫望天上云卷，笑看人生起伏，成败得失随风，恩怨情仇随缘。做一个幸福的人，身系当下，不虚度年华，心暖到底，花开半夏。

第 4 章
安心当下，如是心如是生活

> 过去不可追，未来不可及。做一个幸福的人，安心当下，乐活前行，步履从容，无牵无挂，涵养自性的宁静。放下对过去的牵挂，放下对未来的执着，活在当下，便有了释然和心安，恬静和美丽，圆满和自在。

1　千年等待，只为花开

等待，是为了那一刻的绽放。

现代都市生活中，随处可见的是等待。比如，当你兴致勃勃地进入饭店吃饭，遇到慢吞吞的上菜速度，你只能愤然等待；当你开车遇到红灯的时候，你只得无可奈何地等待；当你去超市购物的时候，前面已经排了更早的很多人，你不得不安静地等待。

无论是哪一种，等待往往使人有一种莫名的烦躁，这种烦躁中含有对他人的怨恨，对生活的抱怨，有人甚至祈祷时间过快一点，希望永远没有等待。殊不知，没有了等待，生活也就失去了原本的意义。

从前，有一个年轻人与女朋友约会。他早早地来到一棵大树下，左等右等就是不见女友的影子，于是长吁短叹起来。突然他的面前，出现了一个天使。天使送给他一样东西，只要按一下按钮，就可以逃过所有的等待时间。

年轻人试着按了一下按钮，女朋友立即出现在他面前。他想，现在我们举行婚礼该多好，于是又按了按钮，紧接着出现了热闹的婚礼场面，他与情人正手挽手向来宾鞠躬。要是现在我们就有了孩子，多好啊！于是，他的想法又实现了。他飞快地按着按钮，又有了孙子，重孙子，一眨眼工夫就儿孙满堂了。

一时之间，心中的愿望不断地超前实现了，可是此时的他却是老态龙钟，衰卧病榻，死亡的恐惧深深地包围着他。一直追求快点实现自己的愿望，很多东西没有享受就已经过去了。这时，他才明白，在生命中，即使等待也有很大的意义。

你还害怕等待吗？好好享受等待吧。

一篇文字里描写过这样一种花：在南美洲一个海拔 4000 多米，人烟稀少的地方，生长着一种叫做普雅的花，花开之时美丽到极致。这种花的花期只有短短两个月，而且百年才能开一次花，然而它总是静静伫立在高原之上任凭雨打风吹，等待着 100 年后生命绽放时的惊天一刻，等待着攀登者的眼前一亮！

对普雅花来说，等待是一种美丽，而对于人来说不也是吗？现实都市人士缺乏的正是这种等待精神。那些好高骛远的人只看重成功的光辉却忽略了成功前的努力和等待，然而没有之前的努力和等待，哪来的成功呢？毕竟，成功是一个奋斗的过程而不是结果，人生更是如此，重要的是过程。

你看，飞舞的蝴蝶是美丽的，那种美丽是因为曾经在厚厚的茧壳中，蛹在黑暗与无助的寂寞中默默地等待并挣扎，才会为自己迎来了这份自由灿烂的美丽；鲜艳的花朵是美丽的，那是因为泥土中的种子在寂寞的时光中悄然地舒展着生命，等待着温柔的春风与细雨，给它有了重生的希望。

不过，生活中也有这样一种人，他们在等待中既不会烦躁也不会绝望。他们会将等待的过程看成是一种体验，在等待的时间空间范围内去做，去看，去体会一系列可以享受到的东西，而对那时的他们而言，等待就不是痛苦的煎熬，而是一种别样的享受，是从各方面享受生活的难得一刻……

有一次，凯·本从偏远的农村搭车到城市，车到途中忽然抛锚。那时正值夏季，午后的天气闷热难当，这着实让人着急。凯·本询问司机，得知车子修好要用三四个小时时，便独自步行到附近的一条河边。

河边清静凉爽，风景宜人，凯·本在河中畅游了一番之后，感到浑身的暑气全消、心清气爽，之后他躺在一片树荫下，迎着和煦的风，看着蔚蓝的天，听着婉转的鸟鸣，觉得此刻美妙极了，最后他又美美地睡了一觉。

等凯·本回来后，司机已经将车子修好了。此时已经将近黄昏，凯·本搭上车，趁着黄昏凉爽的风，直向城中驶进。尽管耽误了半天的时间，但是凯·本逢人便说："这是我平生最美妙、最愉快的一次旅行！"

在汽车抛锚又不能及早修好的情形下，别人可能会顶着烈日，气恼地抱怨车子怎么不能提早一分钟修好。而凯·本则利用这段时间安心地在河边享受了一番，如此这次旅行变成了最愉快的一次。等待的妙处由此可见一斑。

等待不是消磨时光、无所作为、庸庸碌碌，而是把握时机，审慎出击的一种智慧；是暂时忍耐，默然悲喜的一种胸怀。懂得等待，享受等待的人是睿智的，更是幸福的。等待是一种美丽的坚持，希望到来之前是等待，希望到来之后还是等待，因为那时又有一个新的希望了，而希望是生活的源泉和动力。

《希望井》中有这样一段话："掉落深井，我大声呼喊，等待救援……天黑了，黯然低头，才发现水面满是闪烁的星光。我在最深的绝望里，遇见最美丽的惊喜。"几米用诗意盎然的语言写出了耐人寻味的哲理：人生不会一马平川，也不会总是春风得意，任何时候都有可能出现困境，这时候你应该学会等待，在等待中你也许会发现生活的另外一个出口，遇见不期而遇的美丽。

梅斗霜雪，独立寒枝，那是在等待春天；雪声潇潇，花木入梦，那是在等待晨曦；孤云出岫，一无所系，那是在等待彩虹……等待，是一幅山水画，几经描绘，静心欣赏，才能感受到它的美丽。等待，是一杯香茗，精心炮制，细细品味，才能品尝到它的清香。愿我们学会等待，享受等待。

2　人生可以回头，不能转身

人生没有假如，也不能重来。

人到一定年纪，总会怀念以前的一些事情，反思自己的人生，也会后悔当年干了什么没干什么。我们常常听到类似这样的感慨：假如一切可以重新开始，我会做得很好；假如时光可以倒流，我会好好把握；假如再给我一次机会，我会尽力争取……我们太希望得到"假如"的垂青了，可是这只不过是一厢情愿而已。

人生是一次不能抗拒的前行，我们走的每一步都是现场直播，从起点到终点都是不可以重复的。人生是没有假如的，很多东西过了这一村，也就不会再有那一店了，已经不能挽回了，再也找不回来了，而只有继续前进。所以，"假如"只会劳心费神，甚至可能导致更多更大的不幸。

话说回来，就算真有"假如"，我们的生命可以从头来过，我们的人生可以重新开始，当初在选择道路的时候，选择另外一个岔路口，那么我们的生活会不会更加精彩？我们的人生会不会更加完美？未必！

《蝴蝶效应》是一部著名的美国电影，这部电影有一个精妙构思——男主角埃文具有穿梭时空的能力，这为他提供了反悔的机会，于是他决定回到过去修正已经发生过的事实。然而，埃文一次次跨越时空的更改，只能越来越招致现实世界的不可救药。一切就像蝴蝶效应一般，牵一发而动全身，出现了防不胜防的意外。他挽救了心爱女友凯丽的生命，但却失手打死了凯丽的弟弟汤米，导致了自己的监狱之灾；他回到了爆炸的那天，将靠近信箱的母子扑倒，自己却变成了失去双臂的残疾人，母亲因此染上了烟瘾，得了肺癌，而凯丽则成为了别人的女友……

这部电影告诉我们，其实人生若真有"假如"，我们可以重新选择人生的话，一切，也许并不如我们所想象的那样美好。因为人生是不可能停留的，主客观情势都在不断变化，此时已不是彼时，此人也非彼人。

人生没有那么多"假如"，过去的已经成为历史，你可以设法改变以前所发生事情产生的后果，但不可能改变之前发生的事情，唯一的办法就是"不为打翻的牛奶哭泣"，爬起来拍拍身上的灰尘，重新走上人生的旅途。

让我们分享一个故事吧，名字就叫《不为打翻的牛奶哭泣》。

戴尔·卡耐基事业刚刚起步的时候，在密苏里州举办了一个成年人教育班，并且陆续在各大城市开设了分部。由于没有经验又疏于财务管理，在他投入很多资金用于广告宣传、租房、日常的各种开销之后，他发现虽然这种成人教育班的社会反响很好，但自己一连数月的辛苦劳动竟没有挣到钱。

卡耐基为此很是烦恼，他不断地抱怨自己疏忽大意。这种状态维持了好长时间，他整日闷闷不乐，神情恍惚，无法进行刚刚开始的事业，后来他只好去找中学时代的生理老师乔治·约翰逊，向他寻求心灵上的帮助。

听完卡耐基的话之后，老师意味深长地说："是的，牛奶被打翻了，漏光了，怎么办？是看着被打翻的牛奶哭泣，还是去做点别的？记住被打翻的牛奶已是事实，没有可能再重新装回瓶子里，我们唯一能做的就是吸取教训，然后忘掉这些不愉快。"

老师的话如醍醐灌顶，使卡耐基的苦恼顿时消失，精神也为之振奋，他说："我拒不接受我遇到的一种不可改变的情况，我像个蠢蛋，不断做无谓的反抗，结果带来无眠的夜晚，我把自己整得很惨，终于我不得不接受我无法改变的事实，重新投入到了热爱的事业中"。后来，卡耐基成为美国著名的企业家、教育家和演讲口才艺术家，被誉为"成人教育之父"、"20世纪最伟大的成功学大师"。

是啊，人生不可能总是一帆风顺，很多事情是经过之后才明白的，这就是成长的代价。我们与其沉浸在过去里抱怨、后悔，用忧虑来毁灭自己的生活，不如"不要为打翻的牛奶哭泣"，吸取这次的教训，然后便把它忘记，开始注意下一件事。对此，著名的文学家刘墉也曾经说过："人生在世，我们可以转身，但不必回头，即使有一天发现自己错了，也应该转身，朝着对的方向大步向前，而不是一直回头埋怨自己的错误，陷在痛苦的泥潭里不能自拔。"

不要被过去的事情所影响，着眼于现在和将来，不要去苛求什么，也不必去奢望什么，将"假如"改成"下一次"，下一次我一定要如何如何，下一次我一定会做好的……这样才能阻止"假如"的事故继续重演下去，走向成功，走向幸福，走向安然。

最后，让我们铭记普希金所说的一句话吧："这一切终将过去，都将变成亲切的回忆。这一切，只不过是黎明前的黑暗，是历史上的一页。虽然我们身处黑暗，但是黎明总要播撒光明，历史也要翻开新的一页。现在的一切都将过去，而未来是搁笔待写的空白，需要我们去填写。"

3 别让明天的烦恼锁住眉心

不雨花犹落，无风絮自飞。

现实生活中总有这样一些人，他们会情不自禁地为明天各种各样的事务忧虑不安，一串串的思绪在大脑中东飘西荡："明天早上我能够准时醒来吗？""明天我生了重病怎么办？""明天我遭遇意外怎么办？"……

殊不知，烦恼并不像存折上的钱，我们支出来一点就会少一点。明天的事情该来的还是会来，今天的忧虑并不能够改变明天的状况。如果我们总是为明天忧虑，除了徒增烦恼、压力重重之外，根本不会有幸福而言。

有这样一个医科专业的大学生，临近毕业时他的生活中充满了忧虑："毕业后我该做些什么事情？该到什么地方去？""我能找到工作吗？万一找不到，我怎样才能谋生？""我是不是该自己创业，那创业会不会很艰难？我能坚持下去吗？"……这些想法令他整天愁眉苦脸，寝食难安。

后来导师发现了这一问题，他找到这位大学生，意味深长地说："清扫落叶是一件极为辛苦的差事，但是昨天扫得很干净的院子，明天还是会落叶满地，因为只要一起风树叶就会落下来！傻孩子，不管你今天用多大的力气，还是要扫明天的落叶。明天的事情明天再想，让自己轻松一些吧！"

听了导师的话，这位大学生恍然大悟。

生在繁华都市之中，哪个人没有忧虑呢？没有人能真正做到无忧无虑，但"车到山前必有路，船到桥头自然直"。不要想太多有关明天的事，做好了今天就是为明天做准备，等明天的烦恼真来了再去考虑也为时不晚，"不要为明天忧虑，明天自有明天的忧虑，一天的难处一天当就够了！"

也许很多人会说：人无远虑，必有近忧，为明天做计划是一种理智。是的，人是应该对明天有所计划，可是如果计划变成了对明天的忧虑，那就不是计划而是重担了，远虑也就成为了近忧。再形象一点地说，明天天有晴时，也有雨时，阳光灿烂的今天就整天打着雨伞，你说累不累呀？

"不雨花犹落，无风絮自飞"，大自然的消长、人生的境遇都是冥冥之中的安排，忧虑的心灵解不开明天的"千千结"，做好今天的事情又何须为明天忧心呢！我们不是超人，精力总是有限的，忧虑的心灵撑不动明天的"许多愁"，一天的忧虑一天当就足够了，明天的事情明天做未尝不可。

更何况，明天的大多数忧虑是毫无意义的，多数根本就不会发生。"世界上有99%的预期烦恼是不会发生的，它们很有可能只存在于自我的想象中"，这是"二战"时期美国作家布莱克伍德的一句名言，也是他的亲身经历。

布莱克伍德的生活几乎是一帆风顺的，即使遇到一些烦心事，他也能从容不迫地应付。但是，1943年夏天因为战争的到来，世界上的大多数担忧接二连三地向他袭来：他所办的商业学校因大多数男生应征入伍而出现严重的财政危机；他的大儿子在军中服役，生死未卜；他的女儿马上要高中毕业了，上大学需要一大笔学费；他的家乡一带要修建机场，土地房产基本上属无常征收，赔偿费只有市价的十分之一……

一天下午，布莱克伍德坐在办公室里为这些事烦恼，他把这些担忧一条条地写下来，冥思苦想，却束手无策，最后只好把这张纸条放进抽屉。一年半之后的一天，在整理资料时，布莱克伍德无意中又发现了这张纸条，而且这些担忧没有一项真正发生过。他担心他的商业学校无法办下去，但是政府却拨款训练退役军人，他的学校很快便招满了学生；他的儿子毫发无损地回来了；在女儿将入大学之前，他找到了一份兼职稽查工作，帮助她筹足了学费；住房附近发现了油田，他的房子不再被征收……

最后，布莱克伍德得出了一个结论："我以前也听人们谈起过，世界上绝大部分的烦恼都不会发生。对此我一直不太相信，直到我再看到自己这张烦恼单时，我才完全信服！为了根本不会发生的情况饱受煎熬，真是人生的一大悲哀！"后来他根据此，还写了一本书《99%的烦恼其实不会发生》。

看见了吧！"世界上有99%的预期烦恼是不会发生的"，何必为着无法预知的明天而让眉间上锁呢？何必因为尚未到来的明天让心灵阴翳呢？与其为明天忧虑，不如为今天努力。与其活在不可知的明天，不如活好已知的今天；与其活在尚未到来的明天，不如活好当下的今天。做好今天的事情，对生活心怀希望，就算所担忧的事情明天真的发生了，这种态度也会使事情朝着好的方向发展。

不必预支明天可能的烦恼，一天的难处一天担当就够。由此，也定能获得内心的平静，聆听到生命中的幸福！

4 不再继续虚无缥缈的期盼

不积小流，无以成江海。

西方有一则寓言：一个小男孩提着篮子去田里捡蘑菇，捡到一个后就想：下一个可能比这个还大，于是丢弃了这个再去捡，但下次捡到的反比前一个小。他当然不甘心，总想要捡到一个最大的，于是扔了再去捡。就这样，扔了又捡，捡了又扔，篮子里一直是空空的。

这种"捡蘑菇"的心境大多数人都经历过，我们常会有好高骛远的心态，不自觉地给自己戴上望远镜，盯着很多很远的目标，结果小事瞧不起不愿做，而大事想做却做不来，或者轮不到他做，最终英雄无用武之地，落空而归，一事无成，梦想化作一缕清风无处寻觅，空有抱怨，空有妒忌。

殊不知，高远的目标是激励人心且十分美好的，虽然我们可以心向往之，在无限的憧憬中尽情享受，但是最好的日子还是现在，身边比较清晰的显而易见的事才是我们应该努力做好的。捡起脚下的"蘑菇"，先别管它是大是小，只有这样才能真正有机会捡到"大蘑菇"，实现高远目标。

这个道理很简单，一项大目标是由很多小目标组成的，很多的小目标汇集在一起就是一个大目标。实现一个大目标，实际上就是去做那些小事情，只有把小事情做好了，实现了小目标，通过一点一滴的积累，才能最终实现大目标。古曰"不积跬步，无以至千里；不积小流，无以成江海"，说的正是这个道理。

尹梦是一名音乐系的大三学生，她给自己制订了一个目标，就是做一名出色的音乐家，但是她在音乐方面的发展不顺遂，这使得她一会儿雄心万丈，一会儿随波逐流，想了许多办法都没有摆脱这种困扰。"唉，为什么我不能够成为音乐家？""成为一名音乐家就这么难吗？"尹梦将自己的迷茫倾诉给了大学老师。

"想象你五年后在做什么？"突然间老师冒出了一句话，"别急，你先仔细想想，完全想好，确定后再说出来。"

沉思了几分钟，尹梦回答道："五年后，我希望能有一张唱片在市场上，而这张唱片很受欢迎，可以得到许多人的肯定。"

"好，既然你确定了，我们就把这个目标倒算回来，"老师继续说道，"如果第五年你有一张唱片在市场上，那么你的第四年一定是要跟一家唱片公司签合约，那么你的第三年一定是要有一个能够证明自己实力、说服唱片公司的完整作品，那么你的第二年一定要有很棒的作品开始录音了，那么你的第一年就一定要把你所有要准备录音的作品编好曲，那么你的第六个月就是筛选准备录音的作品，那么你的第一个月就是要把目前这几首曲子完工。那么，你的第一个星期就是要先列出一整个清单，排出哪些曲子需要修改哪些需要完工，对不对？"

"不要去看远处模糊的东西，而要动手做眼前清楚的事情"，老师意味深长地说。

听了老师的话，尹梦犹如醍醐灌顶，恍然如梦。自此，她脱离了那种虚无缥缈的期盼，接下来的一个星期她列出了一整个清单，然后一步步开始实现自己的目标，最终成为了一名出色的音乐家。

可见，好高骛远，想一蹴而就，不但违反自然规律，而且寸步难行，只会使自己失望，加深挫折感而已。要想成功，唯一的办法就是以立足的地方为起点，踏踏实实地走好脚下的每一步，不害怕困难和挫折，一步步缩短梦想与现实之间的距离，那么最终任何梦想都能够成为现实。

踩实人生的每一步，一步一个脚印，听起来好像没有冲天的气魄、没有诱人的硕果、没有轰动的声势，可细细琢磨一下：每天一步一个脚印，不需要付出太大的代价，只要努力就可以达到目标。心里踏实，步履稳健，迎接明天的早晨就不会心虚，在不动声色中就能创造一个震撼人心的奇迹。

洛杉矶湖人队负责人以年薪120万美元聘请了一位教练，他们希望教练能够通过高明的训练方法，帮助队员们提升战绩。但是，教练来到球队之后，却没有什么独特的训练方法，而是对12个球员这样说道：我的训练方法和上任教练一样，但是我只有一个要求，你们可不可以每天罚篮进步一点点，传球进步一点点，抢断进步一点点，篮板进步一点点，远投进步一点点，每个方面都能进步一点点？

天啊！这是什么训练方法，负责人在心里偷偷捏了一把汗。不过，很快他就改变了自己的态度，他不得不佩服起教练来。因为在新季度的比赛中，湖人队大败其他球队，勇夺NBA总冠军。对于自己的"战果"，教练总结说，因为12个球员每一天在5个技术环节中分别进步1%，所以一个球员进步5%，而全队进步了60%。这些天来，他们每天坚持进步一点点，可想而知他们的进步有多大……

积跬步以至千里，积小流以成江海。没有漫长的量的积累，怎么可能有质的飞跃？

每个人都希望生活如沐春风、如鱼得水，每个人都向往事业高升、飞黄腾达，但没有谁会白白地送给我们这一切，只有用我们的忍辱负重和坚韧不屈去赢取。从眼前的一点一滴做起，每天一步一个脚印，这应该是我们每天追求的目标，也是值得一辈子去付诸努力的事情。加油！

5 禅在当下，愿此刻安然

吃饭的时候吃饭，睡觉的时候睡觉。

生命的意义是由每一个唯一的此时此刻构成的，我们不是为过去而活，也不是为未来而活。可惜不少都市人士不懂这个道理，总是一味地留恋过去的事情，或者一味地憧憬未来更美好的东西，而忽视了拥有的此时此刻。

曾读过这样一个故事，令人颇有感触。

一位哲人旅行时途经一座古城的废墟，岁月让这座城池极尽荒芜，但他凭着自己锐利的眼光还是看出这座城池昔日辉煌时的风采。城池的兴衰给哲人带来了无尽的思索，他随手搬过一个石雕坐下来，不由得感慨万千。

忽然，一个声音飘进哲人的耳朵："先生，你感叹什么呀？"哲人四下张望却没有人，后来发现声音来自自己坐着的石雕——那是一尊"双面神"石雕。哲人没见过双面神，奇怪地问："你为什么会有两副面孔呢？"

双面神说："有了两副面孔，我才能一面察看过去，牢牢吸取曾经的教训；另一面展望未来，去憧憬无限美好的明天。"

哲人听罢，说道："过去的只能是现在的逝去，再也无法留住；而未来又是现在的延续，是你现在无法得到的。你不把现在放在眼里，即使你能对过去了如指掌，对未来洞察先知，又有什么意义呢？"

听了智者的话，双面神不由得痛哭起来："你的这番话让我茅塞顿开，我终于明白，我今天落得如此下场的根源。"

哲人问："为什么？"

双面神解释说："很久以前我驻守这座城池时，总是一面察看过去，一面瞻望未来，却唯独没有好好把握现在，结果这座城池被敌人攻陷了，美丽的辉煌成了过眼云烟，我也被人们唾骂而弃于这废墟中。"

第二辑 万法自然，禅在当下
幸福者，一池落花两样情

昨天已成为过去,明天还没有到来,总回想过去,有限的精力会被无端浪费,老幻想明天,时光就会白白地流逝。人生不是徘徊,人生不是等待,人生最好的时光就是宝贵的现在,我们一定要学会活在当下。

到底什么叫做"当下"?简单地说,"当下"指的就是:你现在正在做的事、待的地方、周围一起工作和生活的人;"活在当下"就是要你把关注的焦点集中在这些人、事、物上面,全心全意认真去接纳、投入和体验这一切。

弟子们跟着大珠禅师修道已经好几年了,常常听禅师说"禅"这个字,却不明白究竟什么是禅。有一次,一名弟子与大珠禅师吃饭的时候,忍不住问:"师父,你们不是常常说禅吗?到底什么是禅啊?"大珠禅师停下手中的筷子,冷冷地看了弟子一眼,什么都没有说。到了晚上睡觉的时候,这名弟子又忍不住问大珠禅师:"师父,你快告诉我,到底什么是禅啊?"这次大珠禅师有动作了,他轻轻地用手敲了敲小和尚的头,然后闭着眼睛说:"吃饭的时候吃饭,睡觉的时候睡觉,这就是禅!切勿吃饭时不吃饭,须索百种;睡觉时不睡觉,而千般百计较。"

"吃饭的时候吃饭,睡觉的时候睡觉"这句话确实禅意十足,我们在吃饭时想着睡觉,在工作时想着休息,在恋爱时想着分手,在拥抱时还在看表,在上床时想着工作,在上班时想着上床……我们不能在当下的一刻做专一的事,所以我们还是凡人一个,没能成为一个得道悟禅的大师。

学习就专心学习、工作就专心工作、吃饭就专心吃饭、睡觉就专心睡觉……此时此刻便是一个停滞的当下，你只需凝神静享，躺在时间的河流里接受当下的润泽。它可以是在阳光下的悠然漫步，可以是黄昏里默默执手……如果把当下扔进生命之杯，那当下就是暖炉上的一杯清茶，暖暖的依存，淡淡的清香。

　　曾经读过一个小故事，让人醍醐灌顶，豁然开朗。

　　从前有个渔夫躺在沙滩上悠闲地晒着太阳，有个富翁走过来对他说："你怎么能在这里晒太阳，你现在应该去努力干活啊。"

　　渔夫问："干活有什么用呢？"

　　富翁说："干活就会有一点积蓄。"

　　渔夫问："有积蓄又有什么用呢？"

　　富翁说："有了一点积蓄，你就能进行投资；只要努力工作，细心管理你的投资，加上运气好的话；一二十年后，你就能变成一个富翁了。"

　　渔夫又问："成为富翁有什么用呢？"

　　富翁说："成了富翁就能像我一样，可以躺在沙滩上晒太阳。"

　　渔夫问富翁："你看我现在在干吗？"

　　渔夫的回答妙到极处，"你看我现在在干吗？"活在当下，什么都不想，就只是在那里，在当时，享受每一个真实的刹那，是最愉快，最安稳，最科学的一种方法。那春天美丽的花、夏日凉爽的轻风、秋天丰硕的果实、冬日和煦的阳光，那得之不易的机会，那美好的幸福时光，那大好的青春年华……

  对过去已发生的事不作无谓的思维与计较，所以无悔；对未来会发生什么也不去作无谓的想象与担心，所以无忧。没有过去拖在后面，也没有未来拉着往前时，生命全部的能量都集中在这一刻，生命也就具有了一种巨大的张力，喜悦而不为一切由心所生的东西所束缚，这就是幸福的最好写照了。

  事实上，"当下"也是稍纵即逝的，正如朱自清在《匆匆》里所描述的："洗手的时候，日子从水盆里过去；吃饭的时候，日子从饭碗里过去；默默时，便从凝然的双眼前过去……"当下的前一秒是过去，下一秒就是未来，当下连接着过去和未来，所以好好把握现在，活在当下，我们也就拥有了过去和未来。

  时间是由无数个"当下"串联在一起的，每一个瞬间、每一个当下都将是永恒。林清玄在作品《天心月圆》中说过这样一句话："昨天的我是今天的我的前世，明天的我就是今天的我的来生。我们的前世已经来不及参加了，我们有什么样的来生尚且不知。让它们去吧！就把握今天吧！"

  "对酒当歌，人生几何？"人活百岁，不过三万多天，白驹过隙。年华似水，无关痛痒，它静静地，悄悄地从我们身边流过。流光一闪，红了樱桃，绿了芭蕉。活在当下的此时此刻，用心演绎生活的精彩，感悟生命的真谛，就能拥抱真正的自我，找到获得平和与宁静的入口。

  不浮不躁，坐看云起，端坐静感，乐享当下。

6　人生不能保存，让生命绽放光华

花开堪折直须折。

"等到我买房子以后，我就买几件漂亮衣服，现在买有些太破费了"；
"等我最小的孩子结婚之后，我就可以松口气，来场国外旅行啦"；
"等我把这笔生意谈成之后，我会准备一顿美餐，好好犒劳自己"；
……

人们似乎都很愿意牺牲当下，去换取未知的等待；牺牲今生今世的辛苦钱和时间，去购买后世的安逸。殊不知，人生是由时间构成的，而时间是无法储存，无法珍藏的。人生错过了，也就错过了，失去的便永远不会再回来。

我们先来看一个寓言故事。

从前有一个富翁，他家地窖里珍藏着很多葡萄酒，其中一坛品质上乘、历史悠久的被深埋于地，这只有他知道。州府的总督登门拜访，富翁提醒自己："不，不能开启那坛酒，这酒不能仅仅为一个总督启封。"国王来访，和他同进晚餐，但他想："国王不懂这坛酒的价值，喝这种酒过分奢侈了"，甚至在他儿子结婚那天，他还自忖道："不行，不能拿出这坛酒，要等待最重要的时刻才可以。"

随着时间的流逝，富翁地窖里的葡萄酒被喝了一坛又一坛，唯独那坛葡萄酒没有人动过。有一天富翁死了，下葬那天地窖里所有的酒坛都被搬了出来，除了那一坛陈年老酒，因为没有人知道它埋在哪儿。就这样，这坛酒依然被深埋在地下，一年又一年，也没有人知道它的味道有多醇香……

看到了吧，美丽的东西不享用它，平白冷落，便是一种糟蹋。将希望寄予等到方便的时间才享受，我们不知会错过生命中多少美好的东西，失去多少可能的幸福，这就像没有在最适当的时候去做适当的事情，想起来，都是一种遗憾。

还记得一首名为《我要去桂林》的流行歌曲吗？"我想去桂林呀，我想去桂林，可是有了钱的时候我却没时间……"口袋没钱的时候，我们有的是时间，可一旦口袋里装满了钞票，时间又没有了，也许这就是很多人无法遂愿的主要原因吧！其实这也完全是我们生活的真实写照。

一个80岁的老人写了一篇文章，文章大概是这样写的。

在我的一生里，我必须是贴心的女儿、温柔的妻子、慈祥的母亲、勤劳的员工，我每天都在为了这些事情忙碌，而一刻也停不下来。直到现在，生命将灭，当我不得不停下来时，才深深地意识到，我还有很多事情没有做,有很多话来不及说,很多东西都还没有吃过……这实在是人生的失败和遗憾。

如果我能重活这一生,我要享有更多那样的时刻——每一刻、每一分、每一秒。如果一切能重来,我要做什么呢?我会在早春赤足到户外踏春,在深秋里买自己喜欢的呢大衣,我还要去游乐园坐几次旋转木马,多看几次日出,跟朋友们一起欢笑,只要人生能够重来。但是你知道,不能了……"

或是因为太过珍贵,或是因为有重大纪念意义,人生中有些东西值得珍藏,但有时候及时"消耗",反而比珍藏更有意义。譬如,一瓶好酒,和家人、朋友坐在一起品尝它,大家一起津津乐道地赞美它的醇香与美妙,远远要比把它独自藏起来的意义更深远,反而更给生活添加光彩。

的确,人生就像是一张支票,是有期限的。很多东西生不带来死不带去,如果不在规定的期限内用尽,你将再也没有机会了。与其等着死后白白地浪费掉,还不如现在开开心心地享受。生命只在一瞬间,花开堪折直须折。美丽的东西只有在用的时候,才能更见其光华。

有一次,意大利记者吉阿提尼叙述访问俄罗斯著名钢琴家安东·鲁宾斯坦的事。告别时,鲁宾斯坦热情地送给吉阿提尼一盒他最喜欢抽的雪茄。

吉阿提尼很是激动,说:"我要好好地把它们珍藏起来。"

"千万不可,"鲁宾斯坦回答,"你一定要现在把它们抽掉。这些雪茄美妙如人生,人生是不能保存的,你一定尽量享受它。要知道,没有爱和不能享受人生，生活就没有了任何的乐趣。"

"人生是不能保存的，你一定要尽量享受它。"鲁宾斯坦实在是一个智者！

享受人生，正如法国作家蒙田所言，是至高神圣的美德。亚历山大大帝在短短13年中，以其雄才大略东征西讨，建立了一番霸业。尽管如此，他也视享受生活乐趣为自己的正常活动，而把自己的叱咤风云的战争生涯看作非正常活动。

人生苦短，不要想得太多，想做就做，想吃就吃，想爱就爱，学会慷慨地及时行乐，及时采撷生命意义的花朵，及时享受身边的美好事物吧。这样，我们就会觉得生活的美好，生命的可留念。在有生之年，我们可以很满足地对所有人说：我努力过，我也享受过，我的人生没有遗憾。

7　生命从不卑微

高贵与卑微的生命有多大？

人与人之间是存在差异的，如有的人事业风光，有的人下岗失业；有的人腰缠万贯，有的人贫困潦倒……基于此，有些人习惯在不如自己的人面前大耍派头，威风凛凛，盛气凌人，殊不知这是一种不尊重他人的表现，只会招致别人的反感，自取其辱，让自己难以下台。

有一次英国大文豪萧伯纳在苏联莫斯科访问，他在街头散步时见到一个非常可爱的小女孩，便和对方玩了起来。分手时萧伯纳笑着对小女孩说："小姑娘，回去告诉你的妈妈，你今天和伟大的萧伯纳一起玩了。"

谁知，这个小女孩儿也学着萧伯纳的口气说："好，你回去了也要告诉你的妈妈，你今天和伟大的苏联女孩儿安娜一起玩了。"

小女孩的话深深地触动了这位大文豪的心，他立刻意识到了自己的傲慢，并向小女孩儿道歉，两个人高兴地道了别。后来，萧伯纳每回想起这件事都感慨万千，他说："一个人无论有多大的成就，对任何人都应平等相待。"

当你摆出了一副高傲的架子时，别人也会用同样的方法来回敬你。小女孩的话深深地触动了这位大文豪的心，萧伯纳意识到了自己的错误，重唤谦虚恭敬之心，向小女孩诚恳地道了歉，从而赢得了小女孩的喜爱和尊重，也显示出了一代伟人的风范。你在对别人恭敬的时候，别人才会尊敬你。

人人都渴望平等，任何抬高和贬低自己的语言和行为，都不利于建立和谐的人际关系。在现代礼仪中，尊重原则是基础，是最重要的。一个人无论有多么大的成就，都要在尊重的基础上，平等地对待每一个人。所谓尊重就是指以礼貌待人，礼尚往来，既不盛气凌人，也不卑躬屈膝。

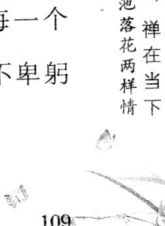

官职再大，地位再高，钱财再多又怎样，每个生命都不卑微，所有人的人格都是平等的，世界上谁也不会比谁高贵多少。即使你再高人一等，也没有盛气凌人的资本。"法兰西第一帝国皇帝"拿破仑就经常告诫自己的部下："在这个世界上，没有无用之物，不管是什么东西，我们都不应该加以贬低。"

子曰："君子不重则不威"，重为庄重，不是自命贵重；威乃威严，绝非八面威风。那些取得伟大成就的人，无论居于何等高位，身份多么尊贵，他们都会以一颗慈悲之心，尊重身边的每一个人，这是一种伟大的品德。

尊重别人，就是对他人恭敬。当你具有这种品德时，你就会设身处地地为他人着想，考虑别人的感受和需求。"你希望别人怎样对待你，你就应该怎样对待别人"，只有尊重别人，你才能收获尊重和欣赏。退一步说，就算他们不会给你丰厚的回报，你尊重他们也不会损失什么，反而赢得了良好的口碑和人缘。

有一回，苏联大文豪斯路肯夫在公园里散步时，看到一个衣衫褴褛的乞丐躲在公园的角落。乞丐每次向人乞讨时都很不好意思，但是很多人还是冷漠地走开了。斯路肯夫很同情这位乞丐，便决定给他一些钱，但是他伸手翻遍身上所有的口袋，却找不着一分钱。

望着乞丐充满希望企盼的眼神，斯路肯夫很过意不去。他本想大步走开，摆脱这种尴尬，但是他觉得这样做有点不妥，于是便伸出手去，紧紧地握着乞丐那双脏兮兮的手，真诚地说："真抱歉，我今天出来没有带钱。"

顿时，乞丐的眼中漾起了一种从未有过的满足感，他紧紧地握着斯路肯夫的手，感动地说："先生，谢谢您。您已经给我施舍了，您不嫌弃我的肮脏和贫寒，您的握手就是对我最大最好的施舍了！"

乞丐并没有从斯路肯夫手中讨得一分钱，可是他却非常的感激他，这是因为在别人都冷漠地离去时，这位伟大的作家并没有表现出丝毫的嫌弃之意。他发自内心的尊重，让乞丐原本伤痕累累的心有了些许温暖的感觉。通过这个故事，我们看到了人与人之间的尊重，也看到了斯路肯夫人格的高尚和价值。

尊重是心灵和生命里最珍贵的礼物，最令人温暖和感动，尊重适合于任何场合。人可以有富足和贫困之分，但人格的高贵不会因为生活的境遇而发生改变，即便是生活在社会最底层的人们，对尊重也有同样的渴望。尊重每一颗心灵，给每一颗心灵以以尊严，是我们每一个人都应该做到的。

第二辑　万法自然，禅在当下
幸福者，一池落花两样情

第5章
爱如花开，相遇绝非为生气

爱如风花似海，情缘如尘若烟。爱让生命延续，让人生快乐。爱，是心灵的归属，生命的方向。爱如蔷薇花开，似骄阳烈火，朵朵灿烂，在平凡的人间站出一种高傲的姿态，无拘无束，率性自在。

1 真情于苦难中相见

岁月如歌，友情如酒。

生活在这个多彩的都市世界，任何一个人都不是孤立的，每一个人都拥有朋友，每一个都需要朋友。一个人的天空是狭小的、单调的，友情织成的天空是广阔的，也是灿烂的。如果你拥有朋友，就要真心地关爱他们，快乐时与之共享，悲伤时给予安慰，主动营造一种和谐关系。

问题是，有些人总是抱怨别人对自己不够好，抱怨别人不为自己付出，抱怨自己没有真正的朋友。原因何在？不妨想想，你对别人足够好吗？你对别人付出了多少呢？只想着从别人身上得到而自己不先付出，只会让人觉得你自私，而不愿意和你接触，如此自然就不会和你做朋友了。

所以，我们在与人接触时要做到：舍掉自私、心存善意、懂得付出、不索回报。正所谓："人之初，性本善。恻隐之心，人皆有之"，每个人都懂得"投桃报李"的道理，当别人接受你的"桃子"的时候，必然会给你其他的礼物作为回报。

从前，有两个饥饿的人得到了一位长者的恩赐：一根鱼竿和一篓鲜活硕大的鱼。其中，一个人要了一篓鱼，另一个人要了一根鱼竿。要想好好地生存下去，就要找到大海，而大海离这里还有很长的一段路要走。

得到一篓鱼的人饿极了，就在原地用干柴搭起篝火煮了一条鱼，不过他没有自私地把鱼吃个精光，而是把一半给了得到渔竿的人。两人吃完鱼后不饿了，便商定共同去找寻大海，每次只煮一条鱼，一人一半。

经过长期的跋涉，这两人终于来到了海边，这时候鱼篓的鱼已经吃完了。得到渔竿的人开始钓鱼了，为了回报，他将钓的鱼分给了得到鱼的人，从此两人以捕鱼为生，过上了幸福安康的生活。

在这个事例中，这两个人没有被自私蒙蔽双眼，他们把自己的东西让一半给对方，互助互爱，最后战胜了饥饿，拥有了幸福，还得到了珍贵的友谊。可贵的友情就是这样，惺惺相惜，同舟共济。在生活中，如果我们拥有这样的友情，千万要懂得珍惜，不要让这样的朋友在我们的人生中消失。

人的一生不可能一帆风顺，朋友难免会碰到失利、受挫或面临困境的时候，这时候我们更要及时伸出热情的手，关爱和帮助朋友。你哪怕只是尽了绵薄之力，他也会由衷地感激，将会用最真诚的心来结交你这个朋友。日后什么时候你遇到了困难，他也会在重要之时助你一臂之力。

诗人纪伯伦曾说过："和你一同笑过的人你也许很快就把他忘却，而同你一同哭过的人，你也许一生都会记住他"。其实道理很简单，"危难之中见真情"，人在遇到难处的时候特别渴望得到朋友的爱，你及时的关爱和帮助无疑是雪中送炭。朋友之间就是这样，锦上添花不足贵，雪中送炭才是君子所为。

孟同刚刚毕业参加工作，因工作中的一点小失误被迫辞了职，但他照例得给家里寄钱以供弟妹上学。身上的钱已经所剩无几，因交不起房租一再被房东抱怨，但孟同是一个自尊心很强的人，在朋友面前从不表示出来。

一天，朋友来孟同家里玩儿，不巧的是孟同临时接到面试的通知，他让朋友先在家里待会儿，自己就去面试了。等他再回来时，看见桌上放了1000块钱，这时手机响了，朋友发来了一条信息，说"房租已交，钱留着用"。原来方才房东又来催交房租了,朋友便慷慨解囊。短短几行字,孟同热泪盈眶,一份感动充满了他的内心。

多年过去了,孟同已经由一个穷小子变成了一个成功人士,而这部手机,这条信息他始终保留着。孟同知道自己在意的不是这些,而是那一份真挚的友情。后来孟同听说朋友的父亲得了重病需要做手术,朋友因资金不够踌躇不已。第二天,他什么也没说就给朋友的父亲交了10万元的手术费。

在危急的关键时刻,正是真正考验友情的时刻。在孟同人生的低谷,在最需要帮助的时候,朋友挺身而出,帮了他一把,让他渡过了暂时的难关,这是一种付出。当朋友面临困难时,孟同也及时伸出援手,这是一种回报。苦难面前,不离不弃,这才是真正的朋友,这才是真正的友谊。

曾经听过这样的话:"茫茫人海,漫漫长路,你我相遇,成为相互。相互就是走累了一起扶助,走远了一起回顾;相互就是痛苦了一起倾诉,快乐了一起投入。"真正的朋友就是这样一种相互,无论在何时何地,并肩站立,携手同行,所以真心地爱你的朋友吧,给他们支持和帮助,温暖和感动。

千百年来,歌颂友谊的诗句百听不厌,李白的"桃花潭水深千尺,不及汪伦送我情",苏东坡的"但愿人长久,千里共婵娟",王维的"劝君更尽一杯酒,西出阳关无故人",何逊的"春草似青袍,秋月如团扇,三五出重云,当知我忆君",王勃的"海内存知己,天涯若比邻",演绎着一幕幕可贵的友情。

我们需要可贵的友情，这种感情不依靠什么，不企求什么，它是纯净而温馨的，是我们幸福大道的铺路石。岁月如海，友情如歌，一首《朋友》道尽情愫："朋友一生一起走，那些日子不再有，一句话一辈子，一生情一杯酒。朋友不曾孤单过，一声朋友你会懂，还有伤还有痛，还要走还有我……"

2　父母之爱，那么隽永悠长

子欲养而亲不待。

在爱的花园中，有一朵花没有浓烈的香气，没有美艳的花形，看似那样平凡无奇，那样容易被人忽略，但是它开得时间最久，就算干枯了花色也不褪，这朵花就是父母对儿女的爱。他们将全部的爱奉献出来，默默付出不求回报，将不平凡的爱寓于平凡中，是那么深沉、隽永、悠长！

可是我们呢？总是认为这种爱是理所应当的，总是在强调着自己的酸甜苦辣，终日迷恋于什么面子、金钱、权力……一次次把父母抛之脑后，"等我升职了一定回家看他们"、"等我发达了再好好孝敬他们"……一年又一年，任孤独一再地摧毁父母的容颜，任辛苦不停地压弯父母的脊梁。

殊不知，人生中很多事情是可以等的，但是对待父母的爱，孝敬父母是不能等的。因为，时间如水，我们在一天天成长的同时，父母却在一天天老去。即使我们对父母的感恩来得及，我们是否想过父母等得及吗？那个时候恐怕他们已经无福消受了，世间最痛苦的事情莫不过于"子欲养而亲不待"。

杨伟有一份体面的工作，在一个离家很远的城市。职场上的竞争压力让杨伟不敢松懈，而且他一心想得到更多升职的机会，回家看望父母的时间特别少。每次打电话回家，两位老人都会问："你这周末有时间吗？回家看看吧！"杨伟总是搪塞着，他已经记不清有多少次这种电话了，而母亲也通情达理，"没事，忙你的工作吧，有你父亲陪着我就行。你好好照顾自己，我就放心了。"

这次，父亲打来了电话，坚持要杨伟回家看看，说是母亲生命垂危。杨伟赶紧放下手头工作驱车回家。见到母亲的一刹那，他呆住了，半年没见母亲，居然瘦弱得不成样了……原来，母亲一年前就已经查出患了癌症，她想告诉杨伟这个噩耗，但又担心耽误孩子的正常工作，只好每次打电话时问杨伟回不回家。但是每次杨伟都会有各种各样不回家的理由，母亲只好无奈地作罢。

怎么会这样，怎么会这样？杨伟的内心像针扎了一样，这些年他只想着通过自己的奋斗让父母将来过上好日子，万万没想到母亲已经等不了了，他恨自己当初的无知，后悔没有好好陪陪母亲。杨伟任由泪水肆意地流淌着，这是愧疚的泪，也是痛苦的泪，是对于自己不孝的忏悔的泪……

"慈母手中线，游子身上衣。临行密密缝，意恐迟迟归。"多么真实的生活写照，它道出了所有父母的心声。正因为如此，趁父母还健在时，去爱他们吧，说出对他们的爱吧！一定！这是因为，明天或许就晚了，到那时，那些没有说出口的感激的话语、爱的话语将如鲠在喉，使你感到沉重和痛苦，无法解脱！

其实，仔细想想，父母盼望的不是儿女的飞黄腾达，需要的不是儿女充裕的物质孝养，他们的要求很简单，子女平安幸福就好，子女常回家看看就好，子女多一些问候就好。一旦感受到子女的挂念和关爱，他们的心中就会洋溢着一股别样的幸福和快乐，这远胜过物质的慰藉。

所以，孝顺不在乎你物质上的给予有多少，不在乎你心里想了多少，而在于你真心去做了多少，在于蕴含其间的真情挚意。别再找各种各样的理由了，从今天开始，常回家看看父母，抽时间陪陪父母，听从父母的教导，关心父母的健康，分担父母的忧虑，好好用爱回报父母吧，让他们真正享受你所给予的快乐。

正如《常回家看看》里唱的那样："找点空闲，找点时间，领着孩子常回家看看，带上笑容，带上祝愿，陪同爱人常回家看看。妈妈准备了一些唠叨，爸爸张罗了一桌好饭。生活的烦恼跟妈妈说说，工作的事情向爸爸谈谈……老人不图儿女为家做多大贡献，一辈子不容易就图个平平安安。"

还有这样一段感人至深的文字，相信每个人读完之后都会百感交集："他们花了很多时间，教你用勺子、筷子吃东西，教你穿衣服，绑鞋带，系扣子，教你洗脸，教你梳头发，教你做人的道理。所以……当他们有一天变老时、当他们想不起来或接不上话时、当他们哆哆嗦嗦地重复一些老掉牙的故事时，请不要怪罪他们；当他们忘记绑鞋带、系扣子，当他们开始在吃饭时弄脏衣服、当他们梳头时手开始不停地颤抖，请不要催促他们……因为你在慢慢长大，而他们却在慢慢变老……只要你在他们眼前的时候，他们的心就会很温暖。如果有一天他们站也站不稳、走也走不动的时候，请你紧紧握住他们的手，陪他们慢慢地走，就像当年他们牵着你一样。"

"父兮生我，母兮鞠我，拊我蓄我，长我育我，顾我复我。"做儿女的不能总想着要"索取"爱，要父母理解你，包容你，而是要时时刻刻想着怎么"给予"爱，尽可能地对父母做一些感恩的事情，你会发现，这不仅是善待父母也是善待自己，每一次付出都是对内心的洗礼，每一次给予都是精神的升华。

第二辑 万法自然，禅在当下
幸福者，一池落花两样情

3 用相知相守,换地久天长

家是一根扯不断的藤。

人们常说:"有了家就等于有了温暖,家是我们遮风避雨的港湾。"没错,有了家就等于有了一切,有了家人的爱护和关心,无论生活有多么困苦,我们都能体会到幸福的滋味。当然,前提是用真爱呵护家庭。

罗斯福还是个小男孩的时候,他认为自己是世界上最不幸的孩子:他的腿因脊髓灰质炎留下残疾,长着一口参差不齐的牙齿,经常被小伙伴们嘲笑。罗斯福很自卑,走路都不敢抬头。父母看在眼里,疼在心里。

有一次罗斯福的父亲带回几棵树苗,让孩子们栽到后花园里,并说谁的树长得最好就能得到一件惊喜的礼物。罗斯福不自信,勉强栽了一棵树后就再没有管过,但最后他的树苗长得最好,他得到了父亲赠送的礼物。自己从没照顾过那棵树,它为什么会长得那么好?罗斯福很不解,一天他悄悄起床走到后花园,远远地看到父亲蹲在地上,正在为自己的那棵树浇水施肥。他躲在一丛花草后,泪水禁不住流了下来:原来父亲这么爱我呀,我以后绝不能让他失望!

为了使罗斯福更好地成长，母亲在生活上给予了他无微不至的照顾，而且还千方百计地培养他，为他请来了家庭教师教他法语和德语，还给他安排了钢琴、绘画课。与此同时，母亲还为罗斯福记日记，详细记录了罗斯福的成长过程和兴趣爱好。在母亲的关爱和激励下，罗斯福学习非常努力，后来他成为了美国总统。

爱是家庭必不可少的部分，家庭成员之间相濡以沫、亲密无间的关系，对我们抗压、抗挫的能力会产生重大影响。罗斯福正是由于父母深切的爱，才重新变得自信乐观起来，才敢于面对外面的风风雨雨，才有了后来的成就。

家——你有一个家，我有一个家，在这喧闹的都市中，人人需要一个温馨的家。家是青砖灰瓦红窗花，家是柴米油盐酱醋茶。家是儿和女，家是爹和妈，家是一根扯不断的藤，藤上结着酸甜苦辣的瓜。和谐的家庭需要每个家庭成员的情感支持，彼此关爱对方，牵挂对方，鼓励对方，是我们获得幸福的最好途径。

因此，要想拥有一个幸福的人生，那么就请为你的家，为你的家人奉献你所有的爱。爱，应多一分关爱，少一分冷漠；多一分真诚，少一分虚假；多一分信任，少一分猜疑；多一分尊重，少一分伤害。关爱、真诚、信任、尊重，一个人若能往家庭里投入这些，那么就能"浇灌"出一朵美丽的幸福花。

家是最温暖的地方，是心灵的绿洲和歇息之地，家不仅是一种爱的享受，也是一种付出，更是爱的积累。用爱来构建你的家庭，当你的家中充满爱时，财富和成功也会相伴而来，如此也就能够安然地享受生活。

有位妇人走到屋外，看见自家院子里坐着三位老人。她并不认识他们，但是她是一个善良的人："你们应该饿了，请进来吃点东西吧。"

"我们不可以一起进入一个房屋内。"老人们回答说。

"为什么呢？"妇人奇怪地问。

其中一位老人指着他的一位朋友解释说："他的名字是财富。"然后又指着另外一位说："他是成功，而我是爱。"接着又补充说："你现在进去跟你丈夫讨论看看，要我们其中的哪一位到你们的家里。"

妇人进屋跟丈夫说了此事，丈夫高兴地说："让我们邀请财富进来！"

妇人并不同意："何不邀请成功呢？"

女儿听到了父母的谈话，建议道："我们邀请爱进来不是更好吗？"

这对父母应允了，妇人到屋外问："三位老者，请问你们哪位是爱？"

"爱"起身朝屋子走去，另外二者也跟着他一起。

妇人惊讶地问"财富"和"成功"："我只邀请爱，怎么连你们也一道来了呢？"

老人们相视一笑，然后齐声回答道："如果你邀请的是财富或成功，另外两个人都不会跟着走进去，而你邀请爱的话，那么无论爱走到哪儿，其他两个人都会跟随的。哪儿有爱，哪儿就有财富和成功。"

"我喜欢一回家就把乱糟糟的心情都忘掉，我喜欢一起床就带给大家微笑的脸庞……我喜欢快乐时马上就想要和你一起分享，我喜欢受伤时就想起你们温暖的怀抱,我喜欢生气时就想到你们永远包容多么伟大……因为我们是一家人,相亲相爱的一家人。有福就该同享,有难必然同当,用相知相守换地久天长……"

让我们记住这首歌,让我们拥有它所说的幸福,用爱"浇灌"出幸福花。

4 爱,是神奇的东西

爱如甘霖,能滋润枯萎的心灵。

忙碌的我们似乎越来越不快乐了,忧郁和孤独不断充斥着生活。我们为什么会忧郁?为什么会孤独?著名心理学家荣格的观点是:"我的病人中大约 1/3 都不是真的有病,而是由于他们只爱自己,只在乎自己的所得与所失,对周围的一切表现出冷淡、怠惰、不在乎、无所谓的态度。"

那么,我们应该如何做呢?不妨来看一个故事。

在暴风雨后的一个早晨,沙滩的浅水洼里有许多被暴风雨卷上岸来的小鱼。它们被困在浅水洼里,回不了大海了。用不了多久,浅水洼里的水就会被沙粒吸干、被太阳蒸干,这些小鱼都会被干死。

有一个小男孩走得很慢很慢,而且不停地在每一个水洼旁弯下腰去——他捡起水洼里的一条条小鱼,并且用力把它们扔入大海。太阳炙烤着沙滩,小男孩的汗水不停地流着,腰酸、胳膊痛,但他还是在不停地扔着小鱼。

有人忍不住走过去:"孩子,这水洼里有这么多条小鱼,你救不过来的。"

"我知道。"小男孩头也不抬地回答。

"那你为什么还在扔?谁在乎呢?!"

"这条小鱼在乎!"男孩儿一边回答,一边继续拾起一条小鱼扔进大海,"这条在乎,这条也在乎!还有这一条、这一条、这一条……"

在小男孩的心目中,每一条小鱼都是独立、完整的生命,都有获得同情、关爱和呵护的需要。尽管这么多小鱼他救不过来,可是对于被救的小鱼来说,它的新生不就意味着重新获得了整个世界吗?有什么理由不倾情相救呢?

是啊,"生命诚可贵",大街上可怜的乞丐们,被抛弃的孩子们,被冷落的老人们,他们难道不是和小鱼一样的生命吗?每个人都需要关爱,生活上也少不了关爱,那我们就应该去关爱他人,这样世界上才会充满——爱!

"相逢何必曾相识",人与人之间的关爱不是只存在于亲朋好友间,我们应该充满热情地帮助任何一个需要我们的人。爱心,无须用多么高深的语言来阐明,也不必做出一番惊天动地来,完全可以通过点滴小事做起。比如,搀扶一个盲人过马路，去养老院探望孤寡老人，省下几包烟钱对困难家庭的帮助，向希望工程捐献财物……

对许多人来讲，这些都是一些举手之劳的小事，却能使他人感到这个社会的温情。爱心是冬日里的一缕阳光，使饥寒交迫的人感受到生活的温暖；爱心是黑夜中飘荡在夜空中的一首歌谣，使孤苦无依的人感到心灵的慰藉；爱心是洒落在久旱土地上的一场甘霖，使心灵枯萎的人感到情感的滋润。

在 20 世纪爆发的一场战争中，一名叫丽娜的普通家庭主妇从报纸上看到，参战的士兵因思念亲人备感孤单、失落，作战士气极为消沉，于是她决定以亲人的身份给他们写信：收信人是"每一位参战的士兵"，落款一律是"最爱你们的人"。信的内容风趣幽默、关怀备至。直至战争结束，丽娜一共寄走了 600 多封信，她认为自己所做的一切不值一提。

日子一天天过去，转眼间战争结束已经快 10 年了。一天清晨，丽娜梳洗完毕要去上班，打开房门的一刹那，她惊呆了：门口笔直地站着一排排穿戴整齐的绅士。他们每人手里拿着一束玫瑰花，见到她簇拥了上来，齐声喊道："我们爱你，丽娜女士！"丽娜此时像万人追捧的明星，被鲜花和掌声包围住。

原来，在战争结束十周年之际，参战士兵联合会进行了"战争中我最难忘的事"的评选活动。所有收到信件的士兵至今都难以忘怀，在那艰难的岁月这些信给了他们无穷的信心和勇气，于是他们决定找到写信人。通过寄出信的邮局，他们知道了丽娜的详细地址，相约来答谢这位伟大的女士。

丽娜的眼睛湿润了,她从没想过,一封封信件居然会让这些经历了战火纷飞、生离死别的老兵们念念不忘,此时的她是幸福的。

爱,真的是一件神奇而美好的事物,它最神奇的一面就是让施爱者能够体会到幸福。当你把爱的阳光传递给别人时,即便微不足道,你的内心也会被阳光照亮。"赠人玫瑰,手有余香",在献出爱心的同时,最幸福最陶醉的还是我们自己,人性的光辉如日月般升腾于这个世界。

"只要人人都献出一点爱,世界将变成美好的人间。"歌曲《爱的奉献》中这句很流行的歌词表达了人们对爱的呼唤和向往。无论何时何地,我们要爱生命里的每一个人,怀仁爱之心,推仁爱之举,用爱筑起一道坚固的防梯。记住:"这条小鱼在乎!这条小鱼也在乎!还有这一条、这一条、这一条……"

5　爱自己多一点点

时间，多留一些给自己。

在烦琐忙碌的都市生活下，很多人似乎有一个通病，全身心去爱别人很容易，要多关心自己一下却很难。尤其是女人，为了老公，为了孩子，为了赚钱，等等，付出了很多，牺牲了很多，唯独就没有过为了自己，结果身心俱疲，离幸福越来越远。

王小蓓是一个十分温柔贤惠的女人，她认为一个好妻子就该做好贤内助。为了能尽量多陪陪先生和儿子，她将自己的个人活动都拒之门外，皮肤也不做保养了，化妆就更不用提了，甚至连个人兴趣都放弃了，除了上班就是在家围着先生和儿子转，精心打理家里的一切大小事情。去商场逛街，她满脑子想的是给老公孩子买什么，即使自己相中了某件衣服也都是犹豫片刻便跑到别处去了，因为这件衣服的价格足够给孩子买很多好吃的……那真是整个身心都扑在这个家里了。

可是，王小蓓的先生并没有珍惜她，他在外面有了其他的女人，他的理由是："她整日忙碌于家务，每天一副不修边幅、邋里邋遢的样子，而且一点兴趣爱好也没有，和她在一起很无聊，生活枯燥无味"……王小蓓做了多年的贤内助，耗光了自己青春年华，最终等来的只是一纸离婚协议，她猛然发现，自己突然间已经失去了很多。

纵观身边那些不幸福的人，皆是他们不懂关爱自己，失去自我的缘故。这并不难理解，一个人若连自己都不爱，倾其所有，牺牲自我，这种爱会变得越来越卑微，别人又怎会瞧得起你，把你当回事呢？卑微是留不住人心的。

人，不仅要向他人奉献自己的爱，也应该多爱自己一点点。爱自己，不是自私自利，不是自我姑息，不是自我放纵，更不是夜郎自大的无知，而是源于对生命本身的崇尚和珍重。只有懂得爱自己，才能懂得爱的责任；因为只有多爱自己一点，才更有能力去爱别人；因为多爱自己一点，爱才会更有意义。

爱自己，首先要爱惜自己的身体，重视、珍惜、照顾好自己的身体，学会劳逸结合，不要因为工作而过度劳累，建立规律健康的生活习惯，保持健康的心理状态，定期进行健康检查，有病及时治疗等。健康是人生的第一财富，有了健康的身心才有可能谈得上事业有成，家庭幸福，才能憧憬美好的未来。

爱自己，最好有自己的朋友圈和兴趣爱好。试想，一个女人没有朋友，没有爱好，每天只知道吃饭睡觉、干家务活、家长里短，很容易被日常家务搞得神经麻木，看似老实本分，实则在男人眼中是索然无味的。所以，多结交一些朋友，多培养兴趣爱好，这是一个人的精神食粮，支撑着一个人的精神世界。

爱自己就是要自助，面对生活中的苦难和不幸，你首先要自己学会承担，自己拯救自己，尽全力替自己解围。不难想象，在人生中的某一时刻，你的身旁恰巧没有关心你，愿意倾听你心声的人，你是孤立无援的，如果傻傻地站在原地，等待别人的救助，那么只会让自己走出痛苦的深渊，又岂会有幸福而言？！

爱，要多给自己一点点。因为你很重要，你就是你能拥有的全部。你存在，才会感到整个世界存在。你看得到阳光，才会感到整个世界看得到阳光。正如一位哲人所说的："不要再等待别人来斟满自己的杯子，也不要一味地无私奉献。如果我们能多爱自己一点，先将自己面前的杯子斟满，心满意足地快乐了，自然就能将满溢的福杯分享给周围的人，也能快乐地接受别人的给予。"

一位老华侨在国外曾独自奋斗多年，如今终于决定回国与家人团聚了。在为他送行的晚宴上，有朋友问，这么多年感触最深的是什么？老华侨回答："凡事多爱自己一点！这么多年一个人在外，要不是凡事多爱自己一点，就走不到今天；要不是凡事多爱自己一点，家庭也不会这么美满。"

"这是不是有点自私？"朋友半开玩笑地问，因为在他看来，一个大男人担忧的应先是一家老小的安危，而他却是自己。

"不自私"，老华侨解释道，"家人在家乡，无论遇到了病还是灾，身边有亲人，担忧是担忧，但总可以转危为安。但我不同，异国他乡，要自己做好一切准备，为免于患。"老华侨顿了顿，接着说，"平时对身体好的食物我从来不吝啬，该吃就吃，每个星期日我都会做自己喜欢做的事情，将心中的不快排解出去。每年夏天我都给自己十天假期，去海边游泳，晒太阳，让自己彻底地全身心地放松。正因为这样，我的身体和精神状态一直很好，我可以好好地工作多赚些钱让家人生活得更好。"

老华侨确实应该多爱自己一点，因为他是一家人心中的那座山。如果他不爱惜自己，逼迫自己像陀螺一样不停地旋转、旋转，那么很可能会出现不同程度的身心之患，到时再多的金钱也是枉然。关爱自己，幸福一家人。

懂得去爱别人，也学习爱自己，懂得幸福是自己给创造出来的。这是我们需要学习的一门与幸福息息相关的课题！如果你觉得不够幸福，那么，就多给自己一点点爱，从现在开始先和自己谈恋爱吧！

6 为善，心的幸福之源

做一个纯粹的人，与人为善，与己为善。

孔子对"君子"有多处论述，其中讲到"君子成人之美"，是说君子应该以慈悲为怀，主动给予他人以无私的帮助，促其成事；成人之美，换成现在的话就是要"助人为乐"，这是做人的道德，亦是做人的修养。只为自己着想，从不考虑别人，是一个无情无知的人，最终只会害人害己。

一个富有的人的女儿患上了一种十分罕见的疾病，看遍了全国所有的名医都没有效果。有一天，这位富有的人得知一位德国名医要来他所在的城市考察的消息，他又重新燃起了希望，通过各种社会关系联系这位名医，但是都没有结果。

一天下午，外面下着大雨，突然有人敲门，这位富有的人非常不情愿地把门打开，站在门口的是一个又矮又胖、衣服湿透、样子很狼狈的人。这人说："对不起！我迷路了，我能借您的电话用用吗？"富有的人很不悦地说："对不起！我女儿正在休息，我不希望有人打扰她。"说完，便关上了门。

第二天早晨，富有的人在读报纸的时候，看到了一则关于德国名医的报道，上面还附着他的照片。天！他惊呆了！原来那位名医竟然是昨天敲门借用电话的那位矮胖男人，富有的人后悔莫及。

事例中的这个富有的人是一个不懂得成人之美的人，正是因为他舍不得借用电话给一个陌生人，而把本能救助自己女儿的医生拒之门外，而且这个医生还是他千方百计想联系却一直联系不上的人，他有多后悔可想而知。

成人之美，助人为乐，这是立身之本，是幸福之源。

一分耕耘一分收获，我们付出多少，相应的就能回报多少。如果我们能够设身处地为别人着想，奉献一己之能，助人为乐，为别人提供方便，那么别人也会对我们慷慨大方，也会设身处地地为我们着想，当我们遇到难处的时候，别人也会为我们提供方便，彼此互助是甘露般的妙药。

这就像姜太公曾经说过一句话："天下不是一个人的天下，而是天下人的天下。与人同病相救，同情相成，同恶相助，同好相趋。所以没有用兵而能取胜，没有冲锋而能进攻，没有战壕而能防守。"这意思就是说：我们爱人就是爱己，利人就是利己，助人就是助己，方便别人就是方便自己。

有一个年轻人因为一场车祸去世了，遇到上帝时他问："在我们的世界里，有许许多多的关于天堂地狱的说法，你能不能让我看一下真正的天堂与地狱是有什么区别？"上帝见年轻人很真诚，就答应了他的要求。

他们先来到地狱，年轻人感觉到浑身冷得瑟瑟发抖，地狱中寒气逼人，看见的都是骨瘦如柴、饱受饥饿的灵魂。"为什么他们都这么瘦呢？好像一副没吃饱的样子。"年轻人有些害怕地问上帝。

"你看那边！"此时，一群灵魂围在一个巨大的锅旁，锅里煮着美味的食物，他们每个人都争先恐后地用勺子盛食物送到自己嘴边，可是他们手里的勺子太长了，吃到口里的远没有掉到地上的多，人人又饿又失望。

接着，上帝又带年轻人来到天堂。一群灵魂正在一个巨大的锅旁吃饭，他们手上的勺子也很长，可是人们都是把盛上食物的勺子送到对面人的口中。你喂我，我喂你，他们都能吃饱饭，所以个个脸色红润，身体健康，如仙人一般。

看到这个情景，年轻人顿时明白了天堂和地狱的区别。

天堂与地狱之所以有天壤之别，唯一的不同就是天堂的人不是自私地将勺子喂给自己，而是彼此为别人喂食。静思这个故事，定会明白，伸出我们的双手，助人一臂之力，给人以支持，给人以温暖，看似是在做一种"赔本"买卖，实际上最终往往可以获得更多，且会形成互助、互爱、互帮的良好人际关系。

所以，我们要善于对别人付诸真诚和爱心，助人为乐，成人之美。

再来分享一个经典故事。

乔治·伯特是著名的渥道夫·爱斯特莉亚饭店的第一任总经理。年轻时，他只是一家旅馆的普通服务生。一个暴风雨的晚上，刚工作不久的他正在柜台里值班，有一对老年夫妇走进旅馆大厅要求订房。查看了房间登记记录之后，乔治·伯特很抱歉地对两位老人说："今晚上，我们这里已经没有空房间了，对不起。"

看看老夫妇失望的表情，又看了看门外的瓢泼大雨，乔治·伯特有些不忍心深夜让这对老人出门另找住宿，而且在这样一个小城，恐怕其他的旅店也早已客满打烊了，总不能让老人在深夜流落街头！于是，他说道："如果你们不嫌弃的话，今晚就住在我的床铺上吧，我自己在店堂里打个地铺就行。"

这对老夫妇谦和有礼地接受了乔治·伯特的好意，第二天早上他们付房费，伯特坚决拒绝了。临走时，老先生要了乔治·伯特的电话号码，说："你可以当一家五星级酒店的总经理，也许我将来会为你建一座酒店呢。"乔治·伯特笑了笑姑且认为这只是一个玩笑，很快他就将这件事情忘记了。

故事并没有因此而结束：过了一段时间，乔治·伯特真的接到了那位老先生的电话，邀请他到曼哈顿去，那位老先生真的建起了一座豪华饭店，他邀请他任这家饭店的第一任总经理。这家饭店就是后来美国著名的渥道夫·爱斯特莉亚饭店。乔治·伯特目瞪口呆，他没想到举手之劳会让自己收获这么多。

你看一个乐于助人的人，内心必然有种种快乐。一个乐于助人的人，必定不会侵犯他人。因为在他们的心中，只有友善和爱，他们视帮助别人为人生乐事，自己也会被快乐包围。正如星云大师所说："滴水可以穿石，细沙可以阻挡洪流，只要常做善事，助人为乐，当然就会'为善常乐'！"

"路径窄处，留一步与人行；滋味浓时，减三分让人食。"一个人的能力有大小，但是有了助人为乐的品德，就能成为"一个高尚的人，一个纯粹的人，一个有道德的人，一个脱离了低级趣味的人，一个有益于人民的人。"

第 6 章
心无挂碍，平常之心方自在

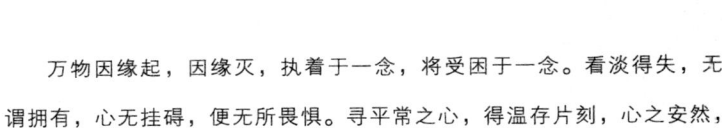

> 万物因缘起，因缘灭，执着于一念，将受困于一念。看淡得失，无谓拥有，心无挂碍，便无所畏惧。寻平常之心，得温存片刻，心之安然，笑赏一路花开。

1 欢乐忧苦参半

超然之心，能使祸患离身，福泽绵长。

生活是什么模样的呢？总结起来就是两种表象——苦与乐。什么又叫做苦与乐呢？一般说，身心适悦的感觉叫乐，身心苦恼的感觉叫苦。假如问道："喜欢乐的人请举手！"相信绝大部分人都会举手；但再问："想吃苦的人请举手！"恐怕大部分人都不会举手。

谁不愿意生活在蜜水中，享受甜美生活呢？但是，生活有甘甜就有雨露，有快乐就有忧愁，有欢乐就有苦楚，生活对辩证法有了最完美的解释。它赐予我们的总是亦甜亦苦，苦中有乐，乐里有苦，每一个人都不例外。

既然如此，我们应该淡然地面对人生的苦乐，快乐时无须大喜大乐、欣喜若狂，因为快乐的长度并不长；痛苦时亦无须大悲大痛、痛苦不堪，因为痛苦的长度也不长。"祸兮福之所倚，福兮祸之所伏，孰知其极？"这是广为流传的一句名言，指福与祸相互依存，可以互相转化，苦乐也是一样。

与之类似的还有一个经典故事："塞翁失马，焉知非福。"

靠近边境一带居住的人中有一个老人，他们家的马无缘无故跑丢了，邻居们为此惋惜，老人却说："这也有可能变成一件好事呢。"过了几个月，那匹马带着另一匹良马回来了，邻居们都前来祝贺，老人则说："这也有可能变成一件坏事呢。"他家中有很多好马，他的儿子喜欢骑马，结果从马上掉下来摔得大腿骨折，邻居们前来安慰，那个老人说："这也有可能变成一件好事呢。"过了一年边境战乱，壮年男子都不得不拿起弓箭奔向前方作战，唯独这位老人的儿子因为腿瘸的缘故免于征战，最终父子得以保全生命……

正如硬币的两面一样，快乐和痛苦是相伴而生的，它们经常交替或交织地存在于人们的感受之中。用超然的心态看待苦乐年华，以平和的心境迎接一切挑战，这是一种宠辱不惊、能屈能伸的弹性，而这种弹性往往会使祸患离身，福泽绵长，缔造沉静而安然、充实而辉煌的人生。

的确，快乐不长久，悲伤有尽头。世上没有永远的赢家，也没有永远的输家。没有永远的快乐，也没有永远的痛苦。在快乐中以冷静的眼光看待一切，就会省去许多烦心的事；痛苦时存一份热切向上的心，就会享受到许多真正的乐趣。

换个角度想想，"吃得苦中苦，方为人上人"，不知苦痛，怎能体会到甘甜和快乐？要想获得快乐的人生，就要冷静一点，坦然一点，愿吃苦、能吃苦、敢吃苦。我们需要知道的是吃苦是暂时的，如果我们敢于坚强面对苦难，积极回应苦难的生活，培养自己吃苦耐劳的个性，这是一个前提条件。

有这样一个小和尚刚出家的时候，被住持安排做行脚僧。小和尚每天都下山化缘，回来还要念诗诵经，自是辛苦劳累。一年多过去了，小和尚觉得自己太辛苦了，便在一天偷起懒来，躲在房间里睡大觉。

不料，住持发现了这件事情。小和尚刚一开始有些害怕受到主持的责骂，但事到如此，他顿了顿情绪，决定将自己的委屈说出来："我刚剃度一年多，就穿烂了这么多的鞋子，可是别人一年一双鞋都穿不破！"

住持没有责骂小和尚，而是微微一笑说："昨天下了一夜的雨，我们到外面去走走吧！"于是，两人一同走到了寺庙的前面，停下来脚步，眼前是一段黄土坡，路面在昨夜雨水的浸泡下显得泥泞不堪。

住持摸了一下花白的胡须，问道："你昨天下山去化缘，是不是在这条路上走过？"

第二辑　万法自然，禅在当下
幸福者，一池落花两样情

小和尚回答说："恩，是的！"

住持接着又问："那你还能找到自己的脚印吗？"

小和尚挠了挠脑袋说："不能，昨天白天没有下过雨，这条路又干又硬。"

住持说："要是今天我们在这条路上走一趟，你能找到你的脚印吗？"

小和尚回答："呵呵，当然能了！"

住持听后，拍了拍小和尚的肩膀，说道："踩在泥泞的地面上，才能留下无法磨灭的足迹。世上所有的事情都一样啊！你要想一个大境界、大作为高的大师，就要比别人多吃一些苦，否则只能做一辈子的小和尚。"

小和尚听后，恍然大悟。从此，他不再喊苦喊累，辛劳地下山化缘，认真地念诗诵经，最终他成为了一名很有造诣的大师，在传播佛教与盛唐文化上做出了很大的历史功绩。

苦难对于每个人都一样，只是来临的时间不同。享乐在先或许令人羡慕，但这只是一个过程，不会永远乐下去，走到终点便是苦。而吃苦在先，也同样是一个过程，不会永远苦下去，走到终点便是甜。因此，如果你正在遭受困苦，这并不完全是件坏事，坦然地面对，积极地应对，它就会变成积累经验，伺机而起的好时机！

学习是苦，得到的知识是甜；思考是"苦中苦"，得到的智慧是"甜上甜"；锻炼是苦，得到的肌肉是甜；静坐是"苦中苦"，得到的内气是"甜上甜"……吃苦是一个人的命运从悲凉走向热烈的过程，是一个人从怯弱步向强悍的桥梁。真正的"人上人"，肯吃"苦中苦"，是有"甜上甜"的人。

"艰难困苦，玉汝于成"、"梅花香自苦寒来，宝剑锋从磨砺出"……这些古今中外的格言，都在向我们阐释人在经历每一次苦涩的锻炼之后会得到进步和升华的道理。当遇到苦难时，静下心回味其中的道理，将苦难看淡一点，不被苦难吓倒，敢于吃苦，享受吃苦，走向它们，击退它们，学着从苦难中提高和升华自己吧！

2　在磨难中溢出清香

风又如何？雨又如何？

每个人都希望自己的一生一帆风顺，但试问哪个人的一生又是一帆风顺的呢？反倒是处处充满了风雨雪霜的磨难。对于磨难，有的人是逃避，有的人是谴责，有的人是诅咒，但如果换一个视角用感恩的心来感谢磨难，未尝不是美事！

一个女孩对父亲抱怨她的生活不如意，工作不顺心，抱怨事事都那么艰难。她已厌倦抗争和奋斗，好像一个问题刚解决，新的问题又出现了。她不知该如何应付生活，就要自暴自弃了，整天唉声叹气，痛哭流涕。

女孩的父亲是位厨师，他没有给女孩讲那些开悟人的大道理，而是把她带进了厨房。他先往三只锅里倒入一些水，然后把它们放在旺火上烧。不久锅里的水开了。他往一只锅里放些胡萝卜，第二只锅里放入鸡蛋，最后一只锅里放入咖啡豆。他将它们浸入开水中煮，一句话也没说。

女孩纳闷父亲在做什么,不耐烦地等待着。

大约20分钟后,父亲把火闭了,把胡萝卜捞出来放入一个碗内,把鸡蛋捞出来放入另一个碗内,然后又把咖啡倒在一个杯子里。做完这些后,他让女儿去摸胡萝卜,她觉得它们变柔软了。然后,他又让她把鸡蛋剥开,结果她看到了一个有弹性的熟鸡蛋。最后,父亲要她喝咖啡。尝到芳香四溢的咖啡,她笑了。

"这是什么意思,父亲?"她谦恭地问道。

父亲解释说,这三样东西面临着同样的磨难:煮沸的水,但它们的反应却各不相同。胡萝卜本是强硬坚固的,煮完后却变得绵软如泥;生鸡蛋是那样的脆弱,蛋壳一碰就会碎,可是煮过后它的内部却变得坚硬;咖啡豆在没煮之前也是很硬的,虽然在煮过一会儿后变软了,但它的香气和味道却溶进了水里,变成了香醇的咖啡。"

"哪一个是你呢?"父亲问女儿。

胡萝卜、鸡蛋和咖啡豆,它们一同被沸水煮后的命运是迥然不同的。这启示了我们一个道理:人们遭遇磨难时,对磨难的适应能力是不同的。对于弱者来说,磨难一道难以跨越的门槛,是泯灭意志、甚至导致沉沦的深渊;而对于强者而言,磨难则是磨炼意志的训练场,是助其成长的必经之路。

当磨难不幸降临到你头上时,你该如何应对呢?你是胡萝卜,鸡蛋,还是咖啡豆呢?如果你想做一名意志坚强的强者,想缔造出类拔萃的人生,那么就不要害怕磨难,拒绝磨难,而是要学会感恩磨难,甚至不妨多经历一些磨难。像沸水中的咖啡豆一样，在磨难中展示出生命的馨香。

古往今来，多少英雄豪杰皆是经得起风浪、抗得住摔打，饱经磨难志愈坚，最终在磨难中成长成功的。例如，越王勾践"卧薪尝胆"十余年，受尽嘲笑和羞辱，终报国仇家恨，完成了复国大业；孙膑经受断足之刑，不得已靠装疯卖傻求生，最终也能手持《孙子兵法》运筹帷幄于沙场之上。

人生多舛，沧海横流，方显英雄本色。风又如何？雨又如何？险又如何？难又如何？诚如孟子所言："天将降大任于斯人也，必先苦其心志，劳其筋骨，饿其体肤，空乏其身，行拂乱其所为，所以动心忍性，曾益其所不能。"正可谓："自古雄才多磨难，从来纨绔少伟男"，"不经历风雨，怎能见彩虹"。

是啊，没有经历过狂风暴雨折磨的禾苗永远结不出饱满的果实，没有经历过从高空摔打下来的雄鹰永远不能搏击长空……明白了这些道理之后，我们不仅要学会承受磨难，更要怀着一种感恩之情，主动迎接磨难，以检验自己的能力，提升自己的素质，创造出"自古雄才多磨难"的契机。

吕锋是一个普通大学生，毕业后进入了一家净化器工程公司，但是参加工作后不到十年的时间，他已经成为所在公司的副总经理，掌管着100余名员工，可谓春风得意，大有作为。究竟是什么样的力量支撑着吕锋取得如此

第二辑 万法自然，禅在当下
幸福者，一池落花两样情

显赫的成就呢？用吕锋自己的话说，即"艰苦的磨炼。"

刚进这家公司时，吕锋只是一名普普通通的设计员，每天平平静静地上下班。不到一年，公司决定在开发区做一个新项目。那是一个很荒凉的地方，经济落后、交通不便，许多人都不愿意去。唯独吕锋迎难而上，主动要求去那里工作。每天早上他在磕磕绊绊的路上骑着一辆破旧自行车，走街串巷，调查市场，进行策划，采购器材……最终在艰苦的条件下开创出了一个新市场。

过了两三年后，公司又决定开发一个新项目，而且依然是一个经济落后，交通不便的荒凉地。这时，吕锋已经是公司技术部门的小组长，有了一批直属的手下，若不离开月薪将涨到1万元，但吕锋依然毫不犹豫地选择了接受新项目的开发。他之所以这么做，还是同样的原因：虽然那里的环境很艰难，任务很艰巨，却也可以让自己得到更加有价值的锻炼，拥有更广阔的发展空间。

就这样，虽然经历了一段又一段艰难的工作经历，但吕锋不仅积累了丰富的工作经验，而且赢得了领导的高度信任，他先后被提拔为部门主任、技术总监以及副总经理。对于自己的成功，吕锋感慨道，"哪里有困难我就出现在哪里，困境是锻炼我的机会，也是改变命运的起跳板！"

"哪里困难我就出现在哪里"，吕锋之所以不畏惧艰苦的生存环境，因为他知道若想做一个出类拔萃的人，就要多经历些磨难。生存环境越是艰苦，越能磨炼人的意志，越能增加人的智慧。也正是因为经历了磨难，他积累了丰富的经验，工作能力得到了大大提升，最终迎来了"天之大任"。

有一句很有意思的话:"棉花堆里磨不出好刀子。"什么是"棉花堆"?顺通无阻的坦途!的确,棉花堆里磨不出好刀子,好刀子是在砺石上磨出的。什么是砺石?很简单,就是生活中大大小小的磨难。

磨难,磨炼了人的意志!磨难,磨炼了人的品质!磨难,磨炼了人的才智!感恩磨难,让我们用坚毅的信念、恢弘的气质、宽阔的胸襟去挑战人生的风浪,接受人生的磨难,从而让人生更加精彩!更加灿烂!更加辉煌吧!

3 寂寞里开出的花朵

没有根须,难为花朵。

每个人的机遇不同,然而在成功之前都有一个相同的必经过程——寂寞。寂寞是难耐的,寂寞是清苦的,寂寞的无聊的,寂寞是孤寂的,因此不少人抱怨寂寞难熬,耐不住寂寞,情绪容易躁动。比如,做学问的沉不下心搞研究,盼着买到一张百万彩票;当作家的不甘心埋头写作,希望能一夜成名……

殊不知,寂寞是一场漫漫修行,是一种身心的考验。铁树沉寂60年方开一次花,昙花积聚一个花期只为数小时的盛放。不在寂寞中自制,便在寂寞中堕落;不在寂寞中升华,便在寂寞中糜烂;不在寂寞中永生,便在寂寞中腐朽。如果说寂寞是成功的根须，那么成功就是寂寞开出的花朵。没有根须，难为花朵。

为了寻得佛门真经，一个年轻人决定剃度为僧。剃度时，他信誓旦旦地向住持表示自己要皈依佛门，但才念了不到一个月的佛经他就受不了寺院的寂寞，还俗去了。一个月后，他一把鼻涕一把泪地要求重入佛祖门下。住持心生慈悲，就答应了。三个月后，他又嚷嚷说佛门冷清留不住人，又一次开溜。

年轻人如此闹腾了好几次，住持很是纠结，留与不留都是烦恼。后来，住持想出了一条妙计，对年轻人说："这样好了，你不如在寺院门口开个茶馆，做个不染红尘的还俗和尚。"年轻人听了很是高兴，还真的在寺院门口开了个茶馆，后来又讨了个老婆，开开心心地过活起来。当然，他也没领会到佛门真经。

这位年轻人一心想寻得佛门真经，却又不甘寺院寂寞的折磨，总是被红尘的繁华诱惑着，如此怎能静悟佛道的深奥呢？只会半途而废。住持也实在是高明，像这种不甘寂寞、心无定力的人也只能安排他做一些半拉子的事情。

国学大师王国维曾说过，古今成大事业、大学问的人，都必须经历三种境界：一是"昨夜西风凋碧树，独上高楼，望断天涯路"的寂寞孤独；二是"衣带渐宽终不悔，为伊消得人憔悴"的执着和坚持；三才是"众里寻他千百度，蓦然回首，那人却在灯火阑珊处"的辉煌和成功，寂寞的妙处可见一斑。

所以，面对寂寞，我们应该学会正视，学会感恩。寂寞不是百无聊赖、无所事事，更不是所谓的孤独或寂灭。寂寞的意义在于：守住精神的底线，不为浮躁左右，安静躁动的心神，熨帖狂乱的灵魂。凭借一己良知和理性，在寂寞中坚守、进取、升华，完成对生命的认识和诠释，使人生不再寂寞。

　　38岁时，李时珍被荐为太医院判，他一头扎进书堆，夜以继日地研读、摘抄和描绘药物图形，努力吸取着前人的医学精髓。而此时太医院上下已经被搞得乌烟瘴气，原来那些院判们发现嘉靖皇帝迷信仙道，祈求长生不老之术，便纷纷大炼不死仙丹。哪有什么不死仙丹呢？李时珍劝说众人停止这种荒唐行为，但他们给出的解释是——既然皇上喜欢，何不就此取悦皇上，以获取功名利禄呢。因为功名居然泯灭了行医之道，李时珍不想这样，一年后毅然告病还乡。

　　回到家后，李时珍没有在家过衣食无忧的生活，他认识到"读万卷书"固然需要，但"行万里路"更不可少，便外出采访。在那些日子里，李时珍穿上草鞋、背起药筐，在徒弟庞宪、儿子建元的伴随下，远涉深山旷野，遍访名医宿儒，搜求民间验方，观察和收集药物标本。期间，他们的足迹遍及河南、河北、江苏、安徽、江西、湖北等广大地区以及牛首山、茅山、太和山等名山大川。

　　远离了人间的喧嚣，每日面对巍巍大山、青青悠草，无疑是寂寞的。但李时珍耐得住寂寞，先后历时27年，最终搞清了许多药物的疑难问题，完成了16世纪为止我国最系统、最完整、最科学的一部医药学著作《本草纲目》的编写工作，该书被达尔文赞为"中国古代的百科全书"。

　　李时珍撰写医药典籍，历时27年，期间他访遍名山大川，尝遍百花野草，终于著成惊世骇俗的医学巨著《本草纲目》，正可谓"古来圣贤皆寂寞"。试想，如果他与众多的太医院判同流合污，为功名利禄所诱惑，或者不能忍受远涉深山旷野，遍访名医宿儒的寂寞，哪还能取得如此巨大的成就呢。

"静中念虑澄澈，见心之真体；闲中气象从容，识心之真机。""万物芸芸，各复归根，归根曰静，静曰复命。"这些话无不是在启发我们：寂寞，是思想上的考验，是精神的历程。红尘喧嚣，人海浮沉之余，耐得住寂寞，经得起诱惑，心灵才得其正，浮华归于沉寂，精彩方才体现。

成功要耐得住寂寞。

人生要耐得住寂寞。

请记得，"人间没有永恒的夜晚，世界没有永恒的冬天"，不要苦恼，不要气馁，因为沉沉的黑夜是黎明的前奏，短暂的寂寞是成功的动力。

4　那令人心碎的坚强

战胜自我是最可贵的成功。

想谋求某个职位却屡屡不能得到；想发挥才能却没有条件、无人识才；经过大量努力、做了很多工作，却不能达到目标……生活中几乎每一个人都经历过诸如此类的失败，不少人会为此哭泣、抱怨、悔恨和惋惜，并且会在很长一段时间都难以从失败的阴影中解脱出来，甚至灰心丧气，一蹶不振。

其实大可不必，失败的滋味虽然使我们不好受，但是经受失败没有什么大不了，因为失败也并不是那么可恶，甚至失败也有很积极的一面。正所谓"吃一堑，长一智"、"失败是成功之母"，成功与失败总是并肩携手的，谁也离不开谁，我们不能只垂青成功，也要学会感谢失败，学会微笑以对。

被誉为"光明之父"、"发明大王"的托马斯·爱迪生，对于失败有着自己独特的理解，他说"每个人或多或少都经历过失败，因而失败是一件十分正常的事情。你想要取得成功，就必得以失败为阶梯。换言之，成功包含着失败。"

在研制白炽灯时，爱迪生遇到的最大困难是要寻找到灯丝的材料，他先用炭化物质做试验，失败后又以金属铂与铱高熔点合金做灯丝试验，还做过其他共1600种不同的材料试验，结果均告失败。

有人问爱迪生："你已经失败了上千次，为什么还要继续试验？"爱迪生回答："失败？没有啊？！我只是知道了哪些材料不能作灯丝的而已，每失败一次我就向成功又迈进了一步。"爱迪生将这些"失败"丢到脑后，继续坚持研究，最终成功研制出世界上第一枚电灯，给人类带来了光明。

"每失败一次我就向成功又迈进了一步"，可见失败并不可怕，关键在于把失败当作试金石，积极地面对失败，善于从失败中学习，不断地总结失败的教训。这样，我们就能不断提高和完善自己，变得聪明，变得坚强，变得成熟，变得完美，完成一次次难得的自我蜕变，进而更好地表现和证明自己！

英国《泰晤士报》前总编辑哈罗德·埃文斯曾说过这样一段话："每个人或多或少都经历过失败，关于失败，我想说的唯一的一句话就是：失败是有价值的。面对失败，正确的做法是：首先要勇于正视失败，找出失败的真正原因，树立战胜失败的信心，然后便忘掉关于过去失败的一切，以坚强的意志鼓励自己一步步走出阴影，走向辉煌。你想要取得成功，就必得以失败为阶梯。"

尝试—失败—分析原因、总结经验—再尝试……每经历一次失败，就会多一次收获。所以,遭遇失败的时候,我们更应该扪心自问一下:"我为什么会遭遇失败"、"我应该如何做才能将失败的损失降到最低"、"我能够从这次失败中学到什么"、"下次遇到这样的事情我应该怎么做"……

就拿身边的平凡小事说:做错了一道数学题,好好地分析总结一下,想办法从"做错了"的失败中得到了经验,也就是解题的方法,下一次不就会了吗?做饭的时候,这次盐放多了,下次就少放点儿;这次盐放少了,下次就多放点儿,反复几次不就能烧出一手不咸不淡的好菜了吗?

在成功面前,失败的次数不定。可能是一次两次,也可能是几十次,甚至成百上千次。谁都不知道下一次成功与否。这样说来,失败难道不是个磨炼意志的机会吗?倒了,站起来;再倒,再站起来……在不断的跌倒站起中,我们渐渐具备了毅力,谁能说有毅力是坏事?你能做到,成功便不远了。

22岁,做生意失败;23岁,竞选州议员失败;24岁,做生意再次失败;25岁,当选州议员;28岁,竞选州议长失败;31岁,竞选选举人失败;34岁,竞选国会议员失败;37岁,当选国会议员;39岁,国会议员连任失败;46岁,竞选参议员失败;47岁,竞选副总统失败;49岁,竞选参议员再次失败;51岁,当选美国总统……

这个人就是林肯,是公认的美国历史上最伟大的总统之一。他,就是在一次次的失败中，一次次地崛起，一步步地走向成功的。换句话说，林肯之所以是伟人，就是因为他经历了比我们更多的失败，从中吸取了更多的经验教训，而且他在此期间锻造的钢铁般的意志，足以征战任何事情。

的确，谁也没能把你打倒，能打倒你的只有你自己，人生的成败全系于自己的抉择。人生不在于跌倒的次数有多少，只在于总是比跌倒的次数多站起来一次；不在于有没有遭遇失败，只在于绝不被失败击倒。这正如海明威所说："世界击倒每一个人，之后，许多人在心碎之处坚强起来。"

感谢失败，因为有失败，才有反思；感谢失败，因为有失败，才有历练；感谢失败让人告别天真，告别痴狂，告别鲁莽；感谢失败，让人成熟，让人理智，让人坚强，让人完美。失败是一个驿站，累了休息好，是为了下一段旅程的开始。回首成功这条艰难的路，真的要说一声："失败，谢谢你！"

5　离挖到水咫尺之遥

坚持，就是平庸与杰出之间的距离。

事例一：

苏格拉底是古希腊著名的哲学家，有不少学生曾经拜师于他。一天，苏格拉底给学生们出了一道简单的考题：每天甩臂300下。一年以后，当苏格拉底问及谁坚持每天做甩臂运动时，只有一个学生孤零零地把手举了起来，这个学生叫柏拉图，他后来成了古希腊又一位伟大的哲学家。

事例二：

有一次，有人问小提琴大师弗里兹·克赖斯勒："你怎么演奏得这么棒，是不是运气好？"弗里兹·克赖斯勒微微一笑，回答道："这一切都是练习的结果。如果我一个月没有练习，观众能听出差别；如果我一周没有练习，我的妻子能听出差别；如果我一天没有练习，我自己能听出差别。"

这两个故事告诉我们一个道理：每一种成功的背后，都有不为人知的心酸，但每一种成功也都有一个共同的秘诀，那就是坚持。如果怕苦怕累，没有恒心和毅力，三天打鱼两天晒网，到头来只能一事无成。

的确，成功不是一件容易的事情，往往需要一个漫长的过程，我们必须要有坚持不懈的劲头，坚持是解决一切困难的钥匙。打个形象的比喻，精美的金子不是生来就闪耀的，有被埋藏旷野，被淹没泥沙的时候。唯有坚持不懈地打磨和历练，金子才有可能有一天发出炫目的光芒。

在这个世界上，平庸的人和杰出的人的不同之处就在于能否坚持。美国纺织品零售商协会曾经做过一项研究，结果显示："48％的推销员找过一个人之后不干了；25％的推销员找过两个人之后不干了；12％的推销员找过三个人之后继续干下去，而80％的生意是这12％的推销员做成的。"

也许你会说"我一直都想成功，也试过了很多次，但一直都没有好的结果。"很多次是多少次？上百次？几十次，还是只有几次？成功的道路太艰难，路途太坎坷，而坚持不懈意味着一直一直坚持下去。有时候，往往成功离我们只有一步之遥，然而坚持者胜利了，动摇者退缩了，给自己留下终身遗憾。

有一幅漫画是这样的：一个人想挖一口井取水，他前前后后总共挖了5个洞，却都没有找到水。前三个洞所挖的深度，一个不如一个，第四个洞是当中最深的，离地下水仅有咫尺之遥。而最后一个洞眼看就要挖到水了，只要再坚持一下就能够挖到水，但是他似乎再也没有心思挖下去了，扛着铁锹离开了。挖了那么多的洞，却都没有一个能够坚持挖下去，怎么可能挖得到水呢？若这个人有坚强的意志，能够坚持不懈继续将洞打通成井，那么他可以花少几倍精力，而且又能找到水，获得成功。

事实上，那些功业彪炳千秋的伟人，在受过别人无数次的否定和质疑时，丝毫不会舍弃自己的人生目标，他们的意志力更强一些，坚持力更久一些，并朝着这个目标不断努力，因此最终都取得了成功。这正如丘吉尔所说："我的成功秘诀有三个：第一是，绝不放弃；第二是，绝不、绝不放弃；第三是，绝不、绝不、绝不能放弃！"

有一位郁郁不得志的美国年轻人，他穷困潦倒极了，身上全部的钱加起来都不够买一件像样的西服，但是他有一个梦想，那就是当一名演员。于是，年轻人来到了好莱坞，找明星、找导演、找制片……找一切可能使他成为演员的人请求，但他一次又一次被拒绝了，有人说他长相不够英俊，有人嫌弃他没有接受过任何专业的表演训练……总之，人们说他不具备做演员的条件。

一晃两年过去了，年轻人还是没有如愿当上演员，但是他没有因此而气馁，"既然不能成功当演员，能否换一个方法？"他想出了一个"迂回前进"的方法——写剧本，待剧本被导演看中后，再要求当演员。当时好莱坞共有500家电影公司，他带着自己的剧本去拜访所有公司。三轮的拜访，1500次的拒绝，可以耗费一个普通年轻人所有的热情与激情。但他并不是普通的年轻人，他决定开始第 1501 次的拜访。

终于，在第四轮拜访第 350 家公司的时候，奇迹出现了。一个曾经多次拒绝过他的导演感动了，同意投资开拍他的剧本，他也据此争取到了一个男主角的机会。为了这一刻的到来，年轻人已经作了充足的准备——他成功了！这部电影就是之后红遍全世界的《洛奇》，而这位年轻人即席维·史泰龙。

席维·史泰龙之所以能成为众人所知的巨星，正是因为他的坚持，耐心地开始下一次拜访，坚持，坚持，再坚持。假设在第三轮之后，他就停住了第 1500 次的拜访，那么现在还有这个巨星吗？还有他参与的电影佳作吗？他还能成就自己的演员梦、电影梦吗？相信你我心中都有答案。

成功＝99%的汗水＋1%的机遇和天才，只有坚持不懈的努力才能取得成功。

"骐骥一跃，不能十步；驽马十驾，功在不舍。"如果你现在还没有发现机遇，还没有有所成就，那么不妨问一问自己"我坚持了吗"，然后提醒自己坚持不懈地去努力，并且坚持，坚持，再坚持，付诸持之以恒的努力，相信是金子总会发光的！这个成功原则可用，而且永远适用。

6　敢于负重的生命

将压力变成生命的张力。

都市生活的激烈竞争，使我们承受了前所未有的压力，这些压力来自于各个方面：工作上的、学业上的、感情上的、经济上的……都市人最爱抱怨：压力太大了！在压力下，多数人情绪低落、心理焦虑，甚至有人感到几近窒息。不过，也有一些人能够在压力之下活得轻松自在，奋发图强，成就梦想。

我们不禁要问：难道这些人有什么异于常人的智慧？其实，这样的人如你我一样，都是普普通通的老百姓。只不过，他们能够勇敢地面对压力，善于把压力置于自己的背后，让其成为一种推动力，迫使自己不断前进。是的，没人随随便便就能成功，成功的原动力就是巨大的压力。

一艘货轮卸货后在返航的时候，突然遭遇巨大风暴，大家都惊慌失措了。就在这个危急时刻，老船长果断下令："打开所有货舱，立刻往里面灌水。"往货舱里灌水？水手们惊呆了，这个时候本来就危险，怎么还能往里面灌水呢？险上加险，这不是自己给自己找麻烦吗？不是自找死路吗?

只听,老船长镇定地解释道:"大家见过根深干粗的树被暴风刮倒过吗?被刮倒的是没有根基的小树。"水手们半信半疑地照着做了,虽然暴风巨浪依旧那么猛烈,但随着货舱里的水越来越高,货轮渐渐地平稳,不再害怕风暴的袭击了。

大家都松了一口气,纷纷请教船长是怎么回事。船长微笑着回答道:"一只空木桶很容易被风打翻,如果装满了水,风是吹不倒的。一样的道理,空船是最危险的,给船加点水,让船负重才是最安全的时候。"

空船是最危险的,给船加点水,让船负重才是最安全的时候。其实,人心何尝不是呢?心头放着一定的压力,才能砥砺出坚稳的脚步。如果像一艘空船一样完全没有负担,那么一场人生的风雨就能将之彻底打倒。在生活中,在这个四周充满竞争的社会里,谁要是拒绝压力,谁就注定无法生存。

有一位哲人说过:"要想有所作为,要想过上更好的生活,就必须去面对一些常人所不能承受的压力,你得像古罗马的角斗士一样去勇敢地面对它,战胜它,这就是你必须走的第一步。"车尔尼雪夫斯基也说"人最宝贵的东西是什么?是生活压力。大大小小的压力,是成功最好的动力。"

美国麻省的艾摩斯特学院曾经做了一个很有意思的实验。

实验人员用很多铁圈把一个小南瓜整个箍住,然后观察当南瓜逐渐长大时，能够承受铁圈多大的压力。最初他们估计南瓜最大能够承受大约500磅的压力。在实验的第一个月，南瓜承受了500磅的压力；实验到第二个月时，这个南瓜承受了1500磅的压力；当它承受到2000磅压力时，研究人员必须把铁圈捆得更牢，以免南瓜把铁圈撑开。最后整个南瓜承受了超过5000磅的压力，瓜皮才产生破裂。

最后的实验是，实验人员把这个南瓜和其他南瓜放在一起，试着一刀剖下去，看质地有什么不同。当别的南瓜都随着手起刀落噗噗地打开的时候，这个南瓜却把刀弹开了，把斧子也弹开了，最后这个南瓜是用电锯锯开的：它果肉的强度已经相当于一株成年的树干！因为在试图突破铁圈包围的过程中，这个南瓜正在全方位地伸展，吸收充分的养分，最终果肉变成了坚韧牢固的层层纤维。

假如南瓜能够承受如此庞大的压力，那么我们人类又能够承受多少压力呢？南瓜试验告诉我们，大多数的人能够承受的压力往往超过自己的预期。同时也说明，只要我们积极应对，人们的承受力将会是无限的。如果能够用积极的态度和行动去应对压力，就能将压力化为成长的张力。

因此，压力不是什么大不了的事情，关键的是我们如何看待。在压力面前，勇敢地去面对，并能把压力化作动力，在压力的不断鞭策下，迫使自己不断前进，压力就成为了成功的催化剂。我们要想在激烈的职场竞争中取胜，在工作的方方面面做到精益求精，就必须学会与压力共存，化压力为前进的动力。

从这个意义上说,我们需要好好感激压力。只要是自己能够承担的压力,那么就不妨在一段时间内,让压力来得更加猛烈些吧!像铁圈下的南瓜一样承受压力,敢于负重,勇于负重,善于负重,我们会因这近乎残酷的负重洗礼而变得更加强大,实现从焦虑到安然,从平庸到成功的跨越。

第三辑

你若盛开，清风自来
快活者，境随心转自安然

得之泰然，失之淡然，争其必然，顺其自然，境由心生，境随心转。境，无所不在。快活者，本心清净，地狱也成了乐土；悲伤者，内心烦忧，天堂也成了地狱。做一个快活者，天下烦扰，乐观待之；心外之事，安然处之。

第 7 章
清凉无忧，身心恬淡沐春风

> 内心清凉宁静，才能恬淡适己，身心自在，体味生命的快慰。静下心来，克制情绪，褪去一分痛苦和煎熬，日日如沐春风，时时清凉无忧。

1 安心地享用你的咖啡

难过也是一天，快乐也是一天。

一个人正准备享用一杯香浓的咖啡，餐桌上放满了咖啡壶、咖啡杯和糖，心情无比放松。这时一只苍蝇飞进房间，嗡嗡作响直往糖上飞，顿时好心境全无，烦躁无比，起身追打苍蝇，于是桌子翻了，杯碎了、咖啡汁遍地皆是，片刻之间房间一片狼藉，而最后苍蝇还是悠悠地从窗口飞走了。

在生活中，我们随时可能会遇到类似的情景，常被一些小事情所羁绊，弄得非常心烦意乱……"很多时候，让我们疲惫的并不是脚下的高山与漫长的旅途，而是自己鞋里的一粒微小的沙砾。"哲人的这一句话一针见血地道出了我们烦恼的根源，指出生活很可能会被一些小事给拖垮了。

先来看一个故事。

在科罗拉多州长山的山坡上，躺着一棵已有140多年历史的大树残躯。在漫长的生命长河中，它曾被闪电击中过14次，被无数次狂风暴雨侵袭，但是它都坚持了下来，结果后来一小队甲虫的攻击使它永远倒在了地上。那些小甲虫虽然小，但它们从根部向里咬，持续不断地攻击，渐渐损伤了树的根基。这样一个森林的巨木，岁月不曾使它枯萎，闪电不曾将它击倒，狂风暴雨不曾动摇过它，却因一小队用大拇指和食指就能捏死的小甲虫，终于倒了下来。

我们不就像森林中那棵身经百战的大树吗？我们也经历过生命中无数狂风暴雨和闪电的袭击，也都撑过来了，可是却总是让忧虑的小甲虫侵蚀——那些用大拇指和食指就能捏死的小甲虫。你是否因为在上班的途中遇到堵车，烦躁随之而来？你是否因为不小心被人踩到了脚，心情变得异常糟糕？……

你甘愿被这些小烦恼困扰吗？甘心被鞋底的"沙"拖垮吗？不，你要想办法解决它，摆脱它。因为生活是丰富的，活着不是为了生气，我们每日每时有许多事情要做，那么多的美好和快活有待我们去欣赏

第三辑 你若盛开，清风自来
快活者，境随心转自安然

和感受。

常为小事烦恼，人生苦多乐少。事实上，那些过得快活而安然的人会随时倒出那些烦人的"小沙粒"，他们心胸宽广，心境超脱，不为鸡毛蒜皮之事抓狂、斤斤计较，如此也就求得了心理上的平静，境随心转得安然。内心世界清静了，也就能腾出更多的精力去放眼世界，以一个高屋建瓴的视角去俯瞰红尘中的万物千事。

有些事情我们在经历时总也想不通，直到生命快到尽头时才恍然大悟。换句话说，一个人会觉得烦恼，是因为他有时间烦恼。一个人会为小事烦恼，是因为他还没有大烦恼。因为若遇到大烦恼，遇到生命危险的时候，原先的小烦恼是那么渺小、荒谬，实在没有理由值得为此烦恼。

"二战"期间，一位名叫罗伯特·摩尔的美国人的经历能给我们深刻的启迪。

1945年3月，罗伯特和战友在太平洋海下的潜水艇里执行任务，他们从雷达上发现一支日军舰队朝这边开来，于是就向其中的一艘驱逐舰发射了三枚鱼雷，可惜都没有击中，却被对方发现。三分钟后，天崩地裂，6枚深水炸弹在四周炸开。深水炸弹不断投下，整整15个小时，有二十多个深水炸弹在离他们50英尺左右的地方炸开。若深水炸弹离潜水艇不足17英尺的话，潜水艇就会被炸出一个洞来。

这回完蛋了，罗伯特吓得不敢呼吸，全身发冷，牙齿打颤。这15小时的攻击，感觉上就像有 1500 年。过去的生活一一浮现在眼前，他想到自己曾为工作时间长、薪水少、没机会升迁而发愁；也曾为没钱买房子，买车子，买好衣服而忧虑；还为自己额头上的一块伤疤发愁过。以前这些事看起来都是大事，可是在深水炸弹威胁着要把自己送上西天的时候，罗伯特觉得这些事情是多么的荒唐、渺小，他向自己发誓，"如果我还能有机会看见明天的太阳，我永远也不会再为那些小事烦恼了。"

15 个小时之后，那艘布雷舰的炸弹用光，攻击停止了。自此，罗伯特过上了一种全新的生活，他再也没有为生活中的小事感到烦恼过，不纠缠，不羁绊，变成了一个内心安定与平静的人，无疑这为他在生活中创造了巨大优势。

"如果我还有机会看见明天的太阳，我永远也不会再为那些小事烦恼了"，这是经过大灾大难才会悟出的人生箴言！当死亡临近的那一刹那，其他什么事情都会变得渺小，也不值得为此烦恼。毕竟生命是无价的，任何代价都换不来生命，死亡是最大的烦恼。人生在世，时间短暂，何必为小事斤斤计较呢？

而且，从医学的观点看，经常为小事烦恼，对身心健康也是极其有害的。有一首曾经很流行的歌《莫生气》，歌词唱得好："人生像是一场戏，因为有缘才相聚。相遇相知不容易，是否更该去珍惜？为了小事发脾气，回头想来又何必，别人生气我不气，气出病来无人替。我若气坏谁如意，而且伤神又费力。"

总之，难过也是一天，快乐也是一天。你的今天要怎么过，完全取决于你。随时倒出鞋底烦人的"小沙粒",对自己说:"如果我还能有机会看见明天的太阳,我永远也不会再为那些小事烦恼了"、"这只是一件鸡毛蒜皮的小事,根本不值得我发火。"如此做了,你将走出坏情绪的旋涡,心情焕然一新。

2　最是那一低头的温柔

低头的瞬间,成全了爱。

生活中难免会遇到不开心和不顺心的事,特别是在婚姻生活中,夫妻俩因为某些事存在着不同看法和意见的事,几乎每天都在发生,如果双方总是怒火冲冲,以吵架的方式来解决,那生活真是乱了套了,也就没什么幸福和快乐可言了。

有一对夫妻结婚十年多了,他们之间偶尔也争吵,但这一次吵得很凶,其实也不是什么大事,就是为了洗衣服的事情而发生了争执。那次丈夫洗衣服忘了搜口袋,面巾纸被水泡烂了,结果妻子只穿过一次的运动服上沾满了白色的纤维。

妻子立马把运动服拽下来,找丈夫算账。

丈夫满不在乎地说:"没事,你重洗一遍就好了。"

"根本洗不掉。"

"那就重新买一件。"

"你是大款吗？为什么洗前不看看？说过多少次了，你为什么不听？你根本就是应付，一点爱心和责任心都没有……"妻子越说越气，从洗衣服说到做饭，从做饭说到买菜，总之连几年前给女儿洗尿布没洗干净的事也翻了出来。

丈夫一怒之下，把那件衣服夺过来，给扔到了地上。见丈夫不仅不安慰自己，还胡乱发火，妻子开始收拾衣物，并扬言要离开家。虽然这么说，她的动作却是迟缓的，她希望丈夫能主动求和，但丈夫什么也没说，什么也没做。

妻子失望了，真的离开了这个家，去了娘家，一住就是一个月。期间，她想给丈夫打电话，但她想："他是男人，要先打给我！"于是，僵持继续着。悲剧终于发生，丈夫提出了离婚。

事例中，这对夫妻因为洗衣服的事情，而导致了双方之间一场不愉快的争吵，又因为谁都不愿意让步，坏心情伤感情不说，最后还失去了婚姻，丢掉了幸福。想想真是让人感慨万千，为其不值。

事实上，生活琐事很难评出对错，婚姻里哪有绝对的对与错？走在一起的两个人，性格、价值观和生活方式上难免都会有所差异，在某些事存在不同看法和意见。只要不是原则性问题，何必和自己亲爱的人生气呢！不妨来点低头表现。

什么是"低头"呢？就是学着适当地做出妥协和牺牲。争吵不是单纯为了宣泄愤怒情绪，而是使复杂的问题变得明朗化。吵架并不是为了伤害对方，而是为了沟通。因此，我们要尽量本着沟通的目的，克制自己的情绪，心平气和地说出自己的想法，给对方一个思考和回旋的余地。

本着沟通的目的，愤怒而不失理智，你会发现，原来对于很多在意的问题来说，爱的基础上的妥协是成本最小的解决之道，爆发上述冲突的可能性就会被降到最低水平，而且相信他一定会愈加的珍惜和爱你。而且，看着自己的爱人每天心情轻松、满面春风，自己不也感到幸福吗？

曾看到这样一个故事。

一对夫妻历经磨难才走到一起，结婚一个月却开始吵架。原因是男人总是喜欢从牙膏管中间挤牙膏，而女人却认为一定要从牙膏的尾部挤牙膏，两人谁也不肯让步，为此时常爆发争吵，于是他们决定分居。

分居的日子里总是寂寞难耐，他们明白其实彼此依然深爱着对方。只是他们都非常好强，谁也不肯向对方低头，就这样，他们分居了一个月。最终，妻子提前准备了烛光晚餐，准备向老公妥协，挽救他们的婚姻和爱情。

正当妻子正在做老公最爱的红烧大蟹时，忽然看到一只蟑螂从她脚下窜过，妻子并没有多害怕，但她灵机一动，拿起电话拨通了老公的号码："喂！亲爱的，你赶快回来，家里有只蟑螂，我快被吓死了。"那边的老公只一句"遵命！"便立即赶回了家。

两人吃着烛光晚餐时，妻子主动向丈夫道歉，以后她不再管丈夫是怎么挤牙膏的，有时干脆每天早上给他挤好牙膏，而丈夫也自觉地开始从牙膏的尾部挤牙膏。就这样，两人不再争吵了，他们的爱情复活了，婚姻复活了。

看到了吧，只要不违背原则的事，低个头没有什么，低头不见得就是认错，这只是你向对方发出的一个和好的信号，不但显示不出你懦弱，反而能体现出你的大度，退两步是为了进三步，如此生活中也就少了几分怒气，多了几分喜气，正可谓低头的瞬间成就了爱。既然如此，我们为什么不能低一次头呢？

一对中年夫妇婚姻濒临绝境，多年间他们总是因为生活小事不断地吵架，最后互不理睬，然后双双认为"过不下去了，坚决要离婚"。在决定离婚这天，俩人相约一起爬一次市区附近的一座山，也算是最后的浪漫之旅。

当时，大雪弥漫，刮着西风，他们拿着帐篷、棉被，来到这座山上，望着飘飘扬扬的大雪。就在这时，一个奇异景观把他们吸引了。只见雪松隔段时间就弯下树枝，直到积雪从枝头滑落，然后倏地弹起；等大雪再次落满枝头，又弯下树枝……如此反复，树枝完好无损。可其他的树，却因为没有这个本领，树枝被压断了。

妻子发现了这一景观，对丈夫说："东坡肯定也长过杂树，只是不会弯曲才被大雪摧毁了。"顿时，两人颇有感悟：婚姻就是一棵大树，如果不像雪松那样低头，不也只有被压断的结局吗？正如他们眼下的婚姻。两人明白了，紧紧地拥抱在一起。

奔波在都市生活中，我们已经活得很累了，不管是男人还是女人都不容易。如果真正爱对方，想要跟对方一起幸福地生活下去，就要尽可能地去承受婚姻的压力，在承受不了的时候，就要改变一下思路，学会向对方低头，像雪松一样弯曲一下，这样就不会被压垮，出现柳暗花明又一村的无限风光。

记住，夫妻之间不是敌我矛盾，低头才能温润彼此脆弱的心。

3　不要等山穷水尽，才转弯

囚禁章鱼的是它们自己。你，不能做章鱼。

有句话说得好："日出东海落西山，愁也一天，喜也一天；遇事不钻牛角尖，人也舒坦，心也舒坦。"的确如此。什么是钻牛角尖呢？在一般情况下，这用于形容遇事思维僵化，办事不知变通，最终山穷水尽、无法自拔。

章鱼是海洋生物中一种庞大的动物，成年章鱼体重将近32公斤，不过它们的身躯却非常柔软，而且没有脊椎，这使得它们可以随意将自己塞进任何一个想去的地方，甚至一个银币大小的洞，以伺机捕捉其他海洋生物。但是，聪明的渔民们有办法制伏章鱼。他们将小瓶子用绳子串在一起深入海底。章鱼一看见小瓶子，都争先恐后地往里钻，不论瓶子有多么小、多么窄。结果，这些在海洋里无往而不胜的章鱼成了瓶子里的囚徒，变成了渔民的猎物，变成了人类餐桌上的美味。

是什么囚禁了章鱼？是瓶子吗？不，囚禁了章鱼的是它们自己。它们固定着思维模式，总喜欢向着最狭窄的地方走，不管走进了一个多么黑暗的地方，即使是走进了一条死胡同，结果将自己逼上了"绝路"。

现实生活中，许多人的思想也如同钻进瓶子里的章鱼一样，最终囚禁了自己。在遇到苦恼、烦闷、失意时，也一味地喜欢往"瓶子"里挤，往牛角尖里钻，结果越想烦恼的事情就越生气，越生气自我感觉就越不好，使自己的视野变得越来越狭窄，思想也越来越失去智慧和光泽。

现在，你是否身陷困惑与烦恼呢？有解决的办法吗？有！

当遇到"山重水复疑无路"的特定时期时，假如我们能够不钻牛角尖，打破传统的思维，多一点创造性思维，该转弯时就转弯，那么问题往往便可迎刃而解，出现"柳暗花明又一村"的景象，许多事情也都能变不可能为可能，甚至能变坏事为好事，如此也就没有什么烦恼而言了。

摩诃是德国西部某小镇上的一个农民，前段时间他看上了一片售价很低的农场，但是当他真正买下那片农场后才发现自己上当了。因为那块地既不能够种植庄稼和水果，也不能够养殖，能够在那片土地上生长的只有响尾蛇。

面对这样的事情，很多人都替摩诃惋惜，不过摩诃没有气急败坏，因为他知道生气也没有用，不如想想办法，把那些"坏东西"变成一种资产！很快，他就发现一条好的出路，所有的人都认为他的想法不可思议，因为他要把响尾蛇做成罐头。之后，装着响尾蛇肉的罐头被送到全世界各地的顾客手里，他还将从响尾蛇肚中所取出来的蛇毒运送到各大药厂去做血清，而响尾蛇皮则以很高的价钱卖出去做鞋子和皮包，总之响尾蛇身上的所有东西一下子在他手上都成了不可多得的宝贝。

出人意料的是，摩诃的生意做得越来越大，这让很多人刮目相看，摩诃成了当地的名人，也成了当地人们争相学习的楷模。现在，这个村子已成为了旅游景区，每年去摩诃响尾蛇农场参观的游客差不多就有上万人。

买下一块不能够种植、也不能够养殖的农场，对任何一个人来说都是一件糟糕的、无可救药的事。值得庆幸地是，摩诃并没有死钻牛角尖，非要将之当农场一样经营，也没有一味地生气抱怨，而是想到如何从这种不幸中脱离出来，于是真的改变了自己的命运。这是奇迹吗？是奇迹，但也是必然。

在生活和工作中有许多问题很难用直接求解的方法得出答案，这时不要凡事都幻想着走捷径，不如在理性分析的基础上独树一帜，适时地变通一下，从侧面来思考问题，该转弯时就转转弯。曲中有直，直中有曲，这是辩证法的真谛，也才能真正地"运筹帷幄之中，决胜于千里之外"。

为此，我们应该学一学水的智慧。你看，河流行经之地总有各种的阻隔，高山、峻岭、沟壑、峭壁，但是水到了它们跟前，并不是一味地一头冲过去，而是很快调整方向，避开一道道障碍，重新开创一条路。正因为此，它最终抵达了遥远的大海，也缔造了蜿蜒曲折、百转迂回的自然美。

有这样一个真实的故事曾广为流传。

有这样一位年轻人，他是德国一所著名大学的计算机系的博士毕业生。毕业后，他想在国内找一份理想的工作。可是，由于他的起点高、要求高，结果连续找了好几家大公司，都没有录用他。思来想去，年轻人决定收起所有的学位证明，以一种最低身份求职，他拿着自己的高中毕业证前去寻找工作，并声称自己只想在工作岗位上锻炼自己，学习学习，哪怕不给工资也愿意做。

不久，年轻人就被一家大企业聘为程序录入员。程序录入员是计算机的基础工作，对他来说小菜一碟，但他干得一丝不苟，看出程序中的错误时他向老板提了出来。老板看他非一般的程序录入员可比，对他自然多了一分欣赏，同时也很好奇。这时，年轻人亮出了自己的学士学位证，于是老板给他换了个与大学毕业生对口的工作。又过了一段时间，老板发觉在这个工作岗位上，他还是比别人做得都优秀，就约他详谈，此时他才拿出了博士学位证。

老板对年轻人的水平已经有了全面的认识，又佩服他能够踏踏实实地做好每一项工作，便毫不犹豫地重用了他。

面对棘手的问题时,这个年轻人并没有被蒙蔽,消极地逃避或搁置问题,而是保持冷静的头脑,适时地变通了一下,结果找到了好工作。这个故事又一次验证了:遇事不钻牛角尖,不站在原地自怨自艾,才能寻找到解决问题的好办法。

在山穷水尽的时候,不钻牛角尖,该转弯时就转弯,在迈出困境的同时,也许就获得了"柳暗花明又一村"的改变,如此我们也就会少一些郁闷,多一些开心;少一些烦恼,多一些幸福,人也舒坦,心也舒坦。什么难题在你这里都不是问题,人生如此,该是何等的洒脱,何等的惬意。

4 莫让怒气蒙蔽了心灵

克制怒气,平心静气,不做情绪的奴隶。

怒,从字面上看,就是一种能够把心变成奴隶的力量。不管你平素是多么理性、多么干练的人,一旦怒火中烧,就会完全丧失平日的自己。难怪有人说,愤怒是驾驭人的"暴君",理性往往会被愤怒打败。

你曾经有过这样的经历吗?受到领导或同事批评后委屈不已、或者暴跳如雷，不愿上班？和别人争吵后，气得上街乱逛，买一堆不合时宜的东西泄愤？……像这类"犯规"的举止，偶尔一次还不要紧，如果经常这样，可就要小心了！因为不知不觉中，你已经成了愤怒情绪的"奴隶"。

那么，人就只能任凭愤怒驱使，做它的奴隶了吗？当然不是。美国作家罗伯·怀特曾经说过："任何时候，一个人都不应该做自己情绪的奴隶，不应该使一切行动都受制于自己的情绪，而应该反过来控制情绪。无论境况多么糟糕，你应该努力去支配你的情绪，把自己从黑暗中拯救出来。"

的确，生活中的很多悲剧多数是因愤怒引起。为此，我们应该学做情绪的主人，当怒火中烧时立即放松自己。气球太饱会爆，假如我们能够时常给"气球"松松绑，如此就能把激怒的情境看淡看轻。当怒气稍降时，对刚才的激怒情境进行客观评价，如此也就能够更好地解决问题。

一个大庄园里有十几个长工，长工们闲来无事常常坐在一起开玩笑，有时玩笑过火了就会起冲突。很多时候，冲突过后他们谁也不答理谁，还会将怒火发泄到工作中去，结果将农田弄得一团糟。有这样一个人，每次当他和别人发生争执生气的时候，他便以很快的速度跑回家去，绕着自己的房子和土地跑 3 圈，跑得气喘吁吁，然后再回来继续工作，就像什么事情也没有发生过一样。

这样次数多了大家都很好奇，询问这个人这到底是怎么一回事，他每次都笑而不答，众人也理不出头绪。由于他鲜少与人结怨，又踏实能干，薪水涨了又涨，房子越来越大，土地也越来越广。但是，只要与别人争论生气时，这个人还是会绕着房子和土地跑3圈。渐渐地，他很老了，但他还是会生气，一生气他还是会拄着拐杖，或者在孙子的搀扶下，艰难地绕着房子和土地走。

有一次，这人在孙子的搀扶下，喘着气走完3圈时，孙子终于憋不住了，恳求地说："爷爷，明明是对方的错，你为什么要这样惩罚自己呢？您可不可以告诉我这个秘密？"禁不起孙子的苦苦哀求，这个人终于说出了隐藏在心中多年的秘密，他说："我这不是在惩罚自己，而是在解脱自己。我一跑步就会累，等跑完了，心中的怒火就消了，心情就好了，接下来就能好好工作了。"

如果你每次生气时也能像故事中的这个人这样，给自己找到宣泄情绪的窗口，给心中的"气球"松一松口，平息即将爆发的怒火，相信你将把更多的时间和精力用在有意义的事情上。同时，你还会在思想境界上得到极大的升华，成为一个快活无忧的人，获得一种从容安然的人生。

有个日本老板想出一个奇招，专辟房间，摆上几个以公司老板形象为模型制作的橡皮人，有怒气的职工可随时进去对"橡皮老板"大打一通，揍过以后，职工的怒气也就消减了大半。

如果你平时生气了，出去参加一次剧烈的运动，看一场电影，或者散散步，这些与痛揍"橡皮老板"有异曲同工之妙。

不过，不是所有的人都会采取同样的态度来控制怒气，其中一个颇具效果的制怒方法便是施行"时间延宕法"，生气时多数数。美国前总统汤玛士·杰弗逊为这个策略下了结论："当愤愤不已的思绪在你的脑海中翻腾时，最好的制怒方法就是在开口前数十下；如果愤怒异常，那么就数到一百吧！"

另外，还有几个口诀可以更有效地控制自己的脾气，给心中的"气球"松口，每天你可以在心里对自己多念几次："我可以抑制自己的怒气"、"我可以缓和自己的怒气"、"我可以常保冷静谐和之心"、"我可以如岩石般屹立不摇"……增强心理承受能力，强化理智的力量，如此情绪就得到一定程度的释解，你也就拥有了一定的自控能力。

克制自己的怒气，做到平心静气，绝对是一种高深的境界。

一位法师化缘后走在街上，没想到迎面撞来一位彪形大汉。大汉慌忙闪躲，不想胳膊撞到法师的眼镜上，而眼镜磕到了法师的眼皮上，把眼皮磕青了，随即掉在地上，镜片摔得粉碎。这个大汉没有丝毫愧疚，理直气壮地吼道："谁叫你戴眼镜的！"

法师什么也没说，微微一笑。

见此情形，大汉觉得奇怪，便问："喂，我把你的眼镜碰碎了，你为什么不生气？"

法师微微一笑，回答："我为什么一定要生气呢？生气既不能使破碎的眼镜重新复原，又不能使脸上的瘀青立刻消失，苦痛解除。再说，我对您破

口大骂,或是打斗动粗,都不能化解事情,不如不生气。"

大汉听后,愧疚地赔礼道歉了。

在生活中我们也应当像这位法师一样,学会克制自己的情绪,用理智给"气球"松松口,不让怒气蒙住理智的眼睛。你会发现,心平气和、理智冷静地解决问题比生气要好得多。如此一来,气消了,智慧也增长了,而且能够找到人生中的另一番祥和。

下次生气时,不妨试着让自己冷静一下,及时地反问自己:"靠愤怒能解决问题吗?""我究竟要的结果是什么?""要用哪些步骤来处理令我愤怒的事件?"……如此自我询问后,你的思路会转移到如何处理事件,这时理性的力量会被唤醒,你就能把愤怒的包袱从双肩卸下来。

5 一个不抱怨的世界

静观身边的生活,抱怨几乎无处不在,如影随形。人一旦心情不顺的时候,就开始牢骚满腹,开始怨天尤人,各种抱怨的想法会随之而来:工作的繁忙、生活的忙碌、薪水的微薄、沟通的障碍、情感的波折、天气的变化等等,生活中的各种大小事件,几乎没有什么不能是我们的抱怨对象。

然而，抱怨能给我们带来什么呢？

如果一个人从早到晚逢人就抱怨，向别人大吐苦水，结果只会使苦水越吐越多，越吐越苦，不但不能让自己身心舒畅，反而让别人因为我们的抱怨而深受影响，遭受太多的不愉快，惹来一身的怨气。试想，有谁愿意和这样的人交朋友呢？这之后，你的抱怨更加严重，你的心境更加糟糕。

你是否有过这样的经历：你心情很好的时候碰到一个朋友，这个朋友上来就说天气有多么糟糕，他的生活充满了各种不如意，简直就是一团糟。这个时候，你的大脑会随着他的语言思考，结果你脑中浮现一幅不愉快的黯淡无光的景象，你的心情突然间也会一落千丈。下一次，你是不是会尽量避开与这个朋友交流，敬而远之。这是为什么？因为我们不喜欢与成天抱怨的人相处。

事实上，很多时候我们不需要抱怨，甚至不需要言语，直接用我们的行为去改变一件事。有一句话说得好："如果不喜欢一件事，就改变那件事；如果无法改变，就改变自己的态度。不要抱怨。"当我们把关注的焦点放在如何解决问题上时，好好表达自己的期许，就会发现，问题原本可以得到高效的解决。

如果你习惯抱怨的话，现在不妨试着把抱怨转成陈述事实。因为你不说

第三辑 你若盛开，清风自来
快活者，境随心转自安然

怨言，怨言将无处窜流，你也将看清问题的真相，好好反省自己的行为，问题才能得到解决。这样一来，你会变成一个快乐的人，你的生活会有想象不到的大转变。

有这样一个故事。

一位女士因为丈夫的冷淡而苦恼不已，她常常对他大吼大叫："你总是这样健忘，想不起我们的结婚纪念日！""你已经很久都没有带我出去吃饭了，难道你的工作就那么忙？没有一点时间陪我？""你是人还是石头？我已经无法忍受你了！"……这样的抱怨口吻使得丈夫厌烦，对妻子越来越冷淡。

后来，她学着不抱怨，改用温和的方式跟丈夫说话："亲爱的，我知道你的工作很辛苦，我提一些无理的要求令你很不高兴。但是，我觉得有时候也应该留点时间给自己，你说呢？我们一起出去散散心，或者先去野餐，然后再随便逛逛，那该多么美妙啊！"渐渐地，丈夫也改变了冷淡的态度，夫妻其乐融融。

好了，现在你既然明白了，抱怨没有任何的用处，而且会使我们变成不被欢迎的人，那就要改变自己的方式，舍得心中的怨气，摒弃无休止的抱怨，努力做好自己的事情，凭借自己的力量改变所处的环境。

大学毕业后，毕业于法律专业的王宾没有找到合适的工作，暂且在一家保险公司当了业务员。刚到公司上班，王宾就发现公司里大部分人不敬业，对本职工作不认真，他们不停地抱怨着，抱怨工作难做，抱怨待遇太低，抱怨保险行业不景气，抱怨专业不对口……干活也提不起一点兴趣。

尽管王宾也很认同这些观点，但是他认为"抱怨半天又没有什么用，不也照样得干吗？既然能找到这份工作，就要好好珍惜，力争把它干好吧。"就这样，他没有任何抱怨，而是一头扎进工作中，踏踏实实地干活。无论接受到老板的任何的指派，他都一丝不苟地完成，没有任何的怨言。

但是，保险是一份让人很头痛、很难做的工作，王宾的工作开展起来也很困难，第一个月拿到的只是最基本的底薪。怎么做才能让人们愿意接受保险业务员呢？为此，王宾在社区里举办了一场场"保险小常识"讲座，免费为社区居民讲解保险方面的常识。渐渐地，社区居民们对保险产生了兴趣。

接下来，王宾的工作进行得顺利多了，业绩突飞猛进，也受到了经理的重用，同事们的欢迎，时间一长，王宾居然后来者居上，成了公司里的"顶梁柱"。而那些只会抱怨个不停的同事，还是业绩平平，虚度年华。

王宾深知抱怨无济于事，只有通过努力才能改善处境，他认认真真地从小事做起，在工作中踏踏实实，从来没有任何怨言。正是因为此，他取得了不俗的业绩，赢得了公司领导的赏识，获得了更多发展的机会。机会通常只会惠顾那些任劳任怨、埋头苦干的人，只知抱怨的人做不出多大的成就。

请记住,永远都不要抱怨。你可以选择自己的言语,创造自己想过的生活。不抱怨是一种人生智慧,也是一种心灵修养,还是一种可以培养的习惯。当你不再以抱怨作为发泄情绪的方式时,你就走入了一个不抱怨的世界。幸福的人生就是不抱怨的人生,快乐的世界就是不抱怨的世界。

6 甘心做一个"傻瓜"

得道者多助。

"被人利用了",这听上去令人不是很舒服,因为"被利用"会让人觉得自己好像"傻瓜"一样没有得到应有的尊重,有一种被人戏弄的感觉。因此,很多人一旦发现自己成为被人利用的对象时,总会愤愤不平。

殊不知,身在你争我抢的竞争社会,我们每个人都在利用别人,谁又能不被别人利用。只要你还能被别人利用,只要还有人愿意利用你,那就证明你还有价值存在。不怕被人利用,就怕你没用。甚至,从某种程度上来说,一个人成就的大小,就看他给别人所带来的利用价值有多少。

可以假设一下，有这样一个人，他能力不如你，才华不如你，既不能与你信息共享、情感沟通，也不能与你相求相助，但是一有困难就跑来找你，这样的人你会利用他吗？恐怕不会，想必你对同他做朋友也不会有多大兴趣。因此，当别人挖空心思利用你时，请不必生气，这证明你有可利用的价值。

听过这样一个小故事。

一个著名的建筑师想在建筑工人中找一个人做自己的学徒，于是他来到建筑工地上。他问见到的第一个工人："你在做什么？"工人没好气地说："在做什么？你没看到吗？！我在为了微薄的工资给那个吸血僵尸一样的老板卖命！"他一连问了好几个工人，每个人都一副很愤怒的样子。

突然，建筑师看到一个年轻的工人敲着石头，脸上却展露出幸福的神情，他走过去问他："你在干什么？"工人眼睛里闪烁着喜悦的神采说："我在为兴建一座巨大的教堂而努力！虽然敲石头的工作并不轻松，但当我想到将来会有无数的人来到这儿接受上帝的爱，心中便常感到高兴。"

当然，不用问，最后建筑师当然选择了最后的那位工人。

从以上的故事中，我们分析出，虽然这三位工人都被老板利用了，但他们的工作态度却截然不同。前几位面对被利用，态度消极，只为工作而工作，而最后一位却从中看到了自己的价值，觉得这份好得不能再好。

能够真正对待"被利用"的人，方能够体会被利用的快乐，也才能去对生活感恩，用一种积极乐观的态度去面对一切。另外，从某一个角度上来说，如果利用者利用他人之力，成就了自己，那么被利用者往往也能从中受益，在被利用中成就自己。

你是否想过，不管我们拥有多大的能力，如果没有一个可以展示的平台，这些能力就如一卷卷的胶卷，没有放映机，全部都毫无用处。而别人"利用"我们，正是给我们提供一个可以展示能力的地方，一旦拥有了这个平台，我们就能将实力发挥得淋漓尽致。这样看来，所谓的"利用"，其实既肯定了我们的价值，同时也是一种互惠行为。

因此，当发现自己被人利用的时候，我们实在没有必要为此愤愤不平，不妨珍惜被利用的价值，在被利用的过程中努力发光，让自己能在舞台上更加炫目，进而拥有更宽广的舞台。只有那些被"利用"的人，才有可能被赋予更多的机遇，才能有资格获得更大的荣誉。

文萱学的是服装设计，她在这方面也特别有天赋。毕业后她进入一家服装设计公司，不久就赶上公司要筹备一个大型时装展，每组成员都被要求交一份设计作品。为了证明自己的能力，文萱为此绞尽脑汁，最终她的设计脱颖而出。但是到了署名的时候，设计图上却署上了主管的名字。

知情的同事们都为文萱感到愤愤不平，劝她将这件事情告诉总经理去，但是文萱并没有因此而觉得受到很大委屈，也没有太大的反应，她安慰自己被利用是一种对自己的肯定，于是工作也更加努力。不久，在一次公司的例行大会上，主管不仅表扬了文萱，还建议总经理给文萱升了职。

文萱不仅有才华，其情商也同样不低。当自己的努力被主管据为己有的时候，如果她大闹一场，或者赌气不好好工作的话，最后她只会失去自己的舞台，哪还会获得晋升呢。在整个过程中，主管虽然利用了文萱，但同时也在尽可能地给文萱提供一个舞台。毕竟，得到了好处，总要做点实事。

的确，人之所以需要与人交往，多半是想从交往对象那里满足自己的某些需求，这种满足，既有精神上的，也有物质上的。所以，按照人际交往的互利原则，你被"利用"了，对方自然会泉涌以报，这就是所谓的"得道者多助"。

将自己的能力转变成"可利用的价值"，并利用一切渠道和机会向别人广泛传递，长此以往不仅自己的价值越来越高，而且有利于结交更好、更有价值的朋友，促成更有效、更稳固的人际资源，这是现代都市社会的一种生存智慧。我自豪：我有被"利用"价值，我欢迎任何人来"利用"我！

总之，现代社会不乏合作，"被人利用"是难免的事情，"被利用"正是因为我们存在被他人看中的价值。千万不要认为自己被利用了就愤愤然，等到真有那么一天你被人不闻不问，那你就真的失去了自身价值。

7　枯井中的驴子

逆境见强者心。

这里有一个经典的小故事。

一天，农夫的一头驴掉进一口枯井里，农夫绞尽脑汁想救出驴，但折腾了大半天都无济于事。最后，这位农夫决定放弃，他想这头驴子年纪大了，不值得大费周折去把它救出来，不过无论如何，这口井还是得填起来。于是，农夫请来左邻右舍帮忙一起将井中的驴埋了，以免除它的痛苦。

农夫的邻居们人手一把铲子，开始将泥土铲进枯井中……当这头驴子了解到自己的处境时，它在井里恐慌、痛苦地哀嚎着，不一会儿它居然安静下来。几锹土过后，农民终于忍不住朝井下看，眼前的情景让他惊呆了——泥土不停地倾泻到井中，驴子将泥土抖落在一旁，然后站到铲进的泥土堆上面。

农夫高兴极了，加快了往井里填土的速度。就这样，没过多久，驴子竟把自己升到了井口。它用力地抖了抖身上的泥土，纵身跳离了原本绝命的枯井，然后在众人惊讶不已的表情中得意地跑开了！

本来看似要活埋驴子的举动，由于驴子处理困境的态度积极，不断抖落身上的土，困境最后居然帮助了它。将驴子的哲学套用在人的身上有些牵强，但我们也不难体会到人生没有一帆风顺，逆境时我们该如何选择显得尤为重要。

在竞争日趋激烈的都市社会，有时候我们难免会陷入"枯井"里，各式各样的困境像是不停掉落的泥沙，叫人无法躲闪，有时候一连串地压在我们身上。换个角度看，它们也是一块块的垫脚石，只要我们锲而不舍地将它们抖落掉，然后站上去，那么即使掉到最深的枯井，我们也能安然脱困。

你改变不了环境，可以改变自己；你改变不了事实，可以改变态度；你不能控制他人，可以把握自己；你不能样样顺心，你可以事事尽力；你不能去左右天气，可以改变心情；你不能选择容貌，可以展现笑容。面对逆境，假如我们能够以忍灭嗔，温和宽容地对待，那么很可能就会从逆境中奋起。

从古至今，有不少的逆境能够让本是失败的人成为强者。越王勾践在国破家亡之后，屈身夫差，卧薪尝胆，用艰苦的生活来磨炼自己的意志，结果十年后一举灭吴，报了家仇国恨；司马迁由于李陵一案身受宫刑，蒙受大辱，但他终于顶过磨难，发愤写完了辉煌巨著——《史记》；再如现代的华人张士柏，他经历了从游泳健将到高位截瘫的巨大变更，却并未因此一蹶不振，反而将它化为动力，勤奋学习，完成了许多健康人都做不到的事情；还有张海迪、李政道……

抖落身上的"泥沙"，继续奋起而勇敢前进。对此，史蒂夫·乔布斯深有体会。

乔布斯是美国苹果公司的创始人，日本软银公司 CEO 孙正义曾这样给予他至高评价："乔布斯是改变世界的天才，几百年之后他将与达·芬奇受到同样的尊敬。"但鲜为人知的是，乔布斯曾经历了几次重大的挫折，不过幸运的是，他没有气馁当逃兵，而是勇敢地站了起来，继续奋起而勇敢前进。

1983 年，受金融风暴的影响，乔布斯在公司重大决策上犯了错，被公司董事会"赶出来"，一切权力被解除。"就像被人狠狠在肚子上打了一拳，然后一下子飞出老远。"乔布斯曾这样回忆说。没有功劳也有苦劳啊，乔布斯没有指责公司的忘恩负义，也没有固执地再去帝国大厦请求众人的原谅，他一个人躲在天桥下就着自来水啃冷硬的面包，同时思考着如何让苹果公司起死回生。

乔布斯很快地调整心态，很快就新成立了 NeXT 公司，准备复制苹果电脑的成功。他对此寄予了厚望，重视任何细节，甚至提出隐藏在电脑里面的电路板都必须有一个吸引人的设计。经过一年多的研制，NeXT 电脑终于问世，定价高达 6500 美元，虽然喝彩的人很多，但掏钱购买的人很少，乔布斯狠狠地赔了一笔钱，无疑也遭到了市场的嘲笑。

经过整整一年的思考和观察，乔布斯想出了一个新点子，那就是打造和推广"个人电脑"品牌。他天天到原来所在的苹果公司，不断地向公司主管说明自己的意见，最终对方采纳了他的意见，并重新聘任他为公司首席执行官。重归苹果公司后，乔布斯引领的 iPhone 发展方向终于赢得了市场的共鸣，没过多久，乔布斯成为美国新经济时代的第一个亿万富翁，也是最年轻的亿万富翁。

乔布斯的经历告诉我们，豁达宽容地面对困境，反而使人更加坚强和优秀，这正如他自己所说的："不要为逆境所失败，在逆境里只有一个选择，那就是往上爬，别再往下坠。学会享受逆境吧，因为人的本领往往从艰难中锻炼出来，因为困难往往不如你所想象的那样不可排除。"

"逆境见人心"，这是很好的一个概括。这个人心，不仅仅是外界别人的"心"，更包括自己的"心"。一个人在逆境下，消极、委屈、放弃、逃避是很正常的。当自己处于逆境之时，朋友对自己失望、怀疑，认为你大势已去，冷面相对，甚至落井下石，这都是最正常不过的。虽然这让人心寒，但其实我们没有必要记恨他们，责备他们，反过来讲他们这种"恶劣"的态度，也是构成逆境独特力量的重要部分。

有一个年轻人一心想成为一名作家，但是他一直得不到领导的欣赏，还屡次遭遇同事的排挤，事业处于一个前所未有的低落期。为了改变自己任人摆布的命运，他将自己所有的业余时间投入写作，他那深刻的忧虑，富有哲理的思辨，令他的作品充满了深度，并获得了意外的成功。后来，这位作家感慨道："如果当初我没有经历那种逆境，可能一辈子都只是一个小职员，是逆境锻造了我，让我的人生得到了升华。"

费朗西斯·培根曾经说过这样一句话："正如挫折的恶劣可以让人忘记幸

运的存在一样,最美好的财富也会在厄运中逐渐显露它的价值。"所以说,假如我们能学会换一个角度看待挫折与成功,它其实就和延期兑付的财富一样,会在适当的时间,以适当的方式,一分不少地兑付给我们。

既然这样,我们何不敞开自己,坦然面对逆境呢!

8 一切烦忧如冰雪消融

把一切都交给时间。

活在纷纷扰扰的都市中,面对纷繁复杂的生活,我们会遇到太多的是非恩怨,有时一时间也理不出头绪。凡夫俗子纠缠其中不能自拔,非要弄个明明白白、清清楚楚,所以生活就有了那么多的烦恼、不快、痛苦,甚至颓废堕落,寻死觅活。

事实上,我们最需要的是持有一种温和宽容的态度,因为世界上没有什么是永恒的,也没有什么是不可改变的,时间是岁月的手,翻云覆雨间改变着生活!很多原来看来一成不变的事情会随着时间的推移出现前所未有的变化,很多先前久久不能释怀的情感会在慢慢的沉淀中找到注解。

所以，凡事千万不要偏激，想不开，不妨把一切交给时间。时间永不停滞，人世间的所有的痛，包括生离死别，有一天都会被时间静静风干。春来冰消雪会化，请相信时间。真的，人生没有过不去的坎。

伊莉原本是一个幸福的女人，可是有一段时间里倒霉的事情接踵而至，她的丈夫因病去世了，不久她的儿子又坠机身亡。一连串的打击让她的心都碎了，她不知道今后的路自己能否坚持走下去，整日郁郁寡欢。后来，她因过度怀念丈夫和儿子在世的岁月，由怀念而生悲痛，结果病倒了。

了解到伊莉的病情和生活情况后，主治医生对伊莉说："你的病情太严重了，需要长期住院治疗。但是你又没钱……我看这样吧，从现在开始，你可以在本院做零工，每天打扫病人的房间，以赚取你的医疗费用。"反正没有比这更好的活法了，而且就目前的情况来说，自己似乎根本别无选择。于是，伊莉开始手握扫帚，每天不停地忙碌着，将医院的角角落落打扫得干干净净。

时光飞梭，渐渐地，伊莉发现自己不再那么怀念丈夫和儿子了，内心也恢复了平静。寂寞、担忧被驱除了，伊莉的身体也就好了起来。三年的时间里，由于经常接触病人，伊莉对病人的心理也了如指掌，后被院方聘认为陪护，再后来，伊莉还成为该医院的心理咨询师，她觉得自己新的人生就要开始了。

看到了吧，时间是医治一切创伤的"良药"。很多时候，当下那个我们以为迈不过去的坎，一段时间之后回过头看，其实早就轻松跳过；当下那个我们以为撑不过去的时刻，其实忍着、熬着也就自然而然地过去了。

春去春又来，花谢花又开。时间，让深的东西越来越深，让浅的东西越来越浅。时间最大的魔力就在于让人在面对一切已知的和未知的困难面前都毫不担心，莫名地相信它会给一切事情一个最美好的答案，如此的态度往往能够解决很多问题，这就是将一切交给时间解决的理由。

有一位大公司的经理，常常收到代理商的投诉信。这些投诉通常无法解决又不宜拒绝。他的应付方法是，把信塞进一个写着"待办"字样的文件柜。他说："应该立刻予以答复，但我明白，如果答复就等于和他争辩，争辩的结果不外乎对人说'你错了'，这样不如索性暂时不处理。"事情的最后结果如何？他笑着回答说："我每隔一段时间把这些'待办'的信拿出来看看，又放回文件柜去，其中大部分信件在我第二次拿来看时，里面所谈的问题都已成为过去或已无须答复。

把一切交给时间，这不是消极，而是一种历练后的生活智慧。

总之，如果你要做一件事，而这件事的名字叫做忘记，那么时间就是最好的助力；当你不得不忘记，却又无能为力时，时间是最好的助力；当你做不了决定，左右为难，徘徊徜徉时，时间就是最好的解药，总有一天，一切都会有答案；如果，你正逢生命难关，别泄气，时间会帮你抚平伤痛的。

时间是医治一切创伤的"良药",请耐心地等待。春去春又来,花谢花又开,时间会带给你所要的安宁。把一切交给时间吧,且闲庭信步,看花开花落。

第三辑 你若盛开,清风自来

快活者,境随心转自安然

第8章
若无闲事，天天便是好时节

> 生活的态度，决定了人生的高度。快乐与否，完全取决于你的心态。春天，不是季节，而是内心；生命，不是躯体，而是心性……

1 阴晴都只一瞬

再不幸的生活也可以是一片艳阳天。

一个老太太不管是晴天还是雨天她都整天坐在路口哭，因为她的大女儿是卖伞的，二女儿是卖布鞋的。下雨时她哭，是因为今天二女儿没生意，晴天时她哭，是替卖伞大二女儿难过，所以人称她为"哭婆婆"。

一天，一位禅师遇到了哭婆婆，一语把她从迷雾中拉了回来，禅师说："老人家大可不必天天忧心，下雨的时候，你要想卖伞的女儿生意好，天晴的时候你要想卖鞋的女儿生意好，这样你就不会难过了。"

听了禅师的一番话，老太太顿悟，从此街头便有了一个总是乐呵呵的

"笑婆婆"。

哭婆婆变成了一个笑婆婆,这里的关键就在于她看待事情的角度发生了改变。凡事总往坏处想,每天都有麻烦事,只能处处碰壁;而凡事多往好处想,每天都是好日子,就会海阔天空。有什么样的想法,就有什么样的日子。明白了这个道理,那么我们就要调整自己的心态,凡事多往好处想。

如果将心灵比作一方土地,那么你种下什么,就能收获什么。每个人都有这样一块心田,关键在于如何耕种。如果你播上"良种",如各种健康的思想观念、正确的生活理念,那么你就会收获这些良好的东西。相反,播撒"劣种"的话,它就会长满杂草逐渐荒芜,使人消沉委靡,腐蚀人意志,消融人生活的热情和信念。

是我们的选择决定了我们的心情,甚至改变了我们的际遇。既然这样,为何不耕好自己的"心田",多往好的一面想呢?凡事多往好处想,是一种科学的人生态度,是一种健康积极的人生哲学,是心理健康之道,也是幸福快乐的不二法门。凡事多往好处想,你会发现事情远远没有想象的那么糟糕,再不幸的生活也可以是一片艳阳天。

苏格拉底单身时和几个朋友一起住在一间很狭小的小屋里,生活非常不便,但他整天乐呵呵的。有人问:"那么多人挤在一起,你有什么可乐的?"苏格拉底说:"我们随时都可以交换思想,交流感情,这是多么值得高兴的事情！"

　　过了一段时间，朋友们相继搬了出去，屋子里只剩下了苏格拉底一个人，但是他仍然很快活。那人又问："你一个人孤孤单单的，有什么好高兴的？""一个人安静，我可以认真地读书，这怎能不令人高兴呢？"

　　几年后，苏格拉底搬进了一座七层大楼里，他住最底层。底层的环境很差，上面老是往下面泼污水，丢破鞋子、臭袜子和乱七八糟的东西。苏格拉底还是一副自得其乐的样子。那人又好奇地问苏格拉底为什么高兴，苏格拉底回答："住一楼进门就是家，上下楼、搬东西都很方便，而且还可以在空地上种花草……这些乐趣呀，数也数不尽！"

　　过了一年，七楼有一个偏瘫的老人嫌上下楼不方便，苏格拉底便将一层的房间让出来，搬到了七楼，每天他仍然是快快乐乐的。那人揶揄地问："住七层楼是不是也有许多好处啊？"苏格拉底说："是啊！没有人在头顶干扰，白天黑夜都非常安静；每天上下楼几次，有利于身体健康；光线好，看书写字不伤眼睛。"

　　后来，那人遇到苏格拉底的学生柏拉图，问道："你的老师所处的环境并不那么好，但他为什么总是那么快乐呀？"柏拉图说："你不能控制他人，但你可以掌握自己；你不能左右天气，但你可以改变心情。只要你想，每天都是快乐的。"

　　看到了吧，世间很多事情都是有利有弊，但是事情本身并无所谓好坏，关键在于你怎么想，是你的态度决定了你的生活是好是坏。美国最受尊崇的心理学家威廉·詹姆斯就曾说过这样一句话："我们的时代成就了一个最伟大的发现——人类可以借着改变自己的态度，改变自己的人生！"

比如，年过半百的你坐公交车时没有人给让座，你可能会感到生气、失望，但如果这样想："我还没有老，我还年轻。假如我老态龙钟的话，别人早就给我让座了。"心里势必会乐滋滋的，仿佛又年轻了许多！你为公婆付出了许多，跟着丈夫没享过福，此时不妨想想有地方住，有饭吃，双亲俱在，可以共享天伦，是不是觉得生活变得好了呢？

要获得快乐没什么秘诀可循，唯一的办法就是耕好自己的"心田"。只要心境明朗，自为自乐，我们往往就能获得生命的新意和对生活的一种全新理解，认识到每天都是个好日子。如此，人生还有什么事情能被困住的呢？

每天都是好日子，出自禅宗大师云门之口。

一个月皎气清的夜晚，云门禅师把弟子们召集在一起讲法，道："十五日以前不问汝，十五日以后道将一句来！"弟子们听了面面相觑，他便自己代答说："日日是好日。"这段对话非常有名，翻译成白话就是：云门禅师问弟子们："开悟以前的事我不问你们了，开悟以后的情境，你们试着用一句话说来听听！"弟子们冥思苦想，不知如何应答，云门禅师说："天天都是好日子呀！"

面对人生，安贫乐道，"春有百花秋有月，夏有凉风冬有雪，若无闲事挂心头，便是人间好时节。"春有百花，秋有圆月，不错，夏有凉风，冬有雪景，也很好；晴天时，则爱晴；雨天时，则爱雨；有乐趣时，则快乐，没乐趣时，也快乐，这绝对是超然豁达的境界，这份安然实在令人羡慕！

2　幸与不幸

积极心态是转运的阳光。

生活在纷杂的都市中，每个人不可能是一帆风顺的，或会遇到困难，或会遭遇挫折，或是体验各种变故，这时候有些人很容易会心烦意乱，或者委靡消沉，甚至一蹶不振，陷入消极被动的恶性循环，难以自拔。

你希望自己一辈子生活在绝望中吗？你甘愿自己一生平庸无为吗？如果你的答案是否定的，那么现在就调整自己的心态，学着用积极的心态看待生命中的不幸，你会发现内心获得了全新的感受，不利的局面将一点点打开。

因为，好运气，能"制造"。

你是否留意到：有时，你心里想要的东西会接连不断地出现在你眼前，你渴望发生的事情会奇幻般地发生。比如，你在街头行走的时候突然遇到了自己梦寐以求要见的人；你想要一个笔记本电脑，朋友果真将它作为生日礼物送给了你；在恰当的时间和地点遇到了一个满意的终身伴侣……相信很多人有过这样的体验。

想要什么就来什么，太玄妙了！听上去有些不可思议，实际上，这都是心态的作用。心态有时会决定人的命运，积极心态就是转运的阳光。因为，它会让你看到生活的另一面正阳光灿烂，激发自身内在的积极力量和优秀品质，最大限度地挖掘自己的潜力，让事情向有利于我们的方向发展。

电影《倒霉爱神》恰恰给我们展示了这个事实。

女主人公艾什莉好比上帝的宠儿，始终受着生活的眷顾。随便买一张彩票就能够中头奖；在繁忙的纽约街头想要搭计程车，很快就有好几辆车都向她驶来；毕业后不费周折就在一家知名的公司做了项目经理。她的生活和工作，可谓是一路畅通，惬意而幸运得让人嫉妒。

男主人公杰克好比世上的天煞霉星，有他出现的地方就有霉运，医院、警察局、中毒急救中心，是他经常光顾的地方。新买的裤子看上去好好的，可一穿就断线；工作上他更没有艾什莉那么幸运，他不过是一家保龄球馆的厕所清洁员。

看到影片中这些零碎的片段时，众人不禁哑然失笑，但也会感慨：同样是人，怎么差别这么大？有人就是幸运，有人就是倒霉！其实，这不是运气的问题，而是心态在发挥作用。对于艾什莉来说，她的内心充满着对好运气的渴望，她所做的一切都在朝着好运的方向努力，积极的生活态度，自然给她带来惬意美好的生活。反观杰克，他为何就像一块倒霉的磁铁呢？那是因为他的潜意识里不断地提醒他，就快有霉运来了。于是，正如他所想的那样，倒霉的事真的接二连三地来了。

其实，人与人之间本来只有很小的差异，但这很小的差异却往往造成了巨大的不同！巨大的差异就在于凡事所采取的不同的心理暗示。美国企业家理查·狄维士也曾告诫我们说，"人们需要保持着内心积极的力量，从始至终、永不放弃。特别是在人生中不如意、不顺心、不快乐的阶段，更是需要拥有充足的心灵资源来支撑度过。"

因此，面临人生过程中的逆境时，我们不必绝望，自甘堕落，而是要及时地调整情绪，改变自己的心态。只要我们以乐观、向上、愉悦的积极态度面对人生，就会发现，生活里原来到处都是"好运"，这样我们就能突破重围，任何难题都将迎刃而解。这一点适用于每一个人，每一种场合。

那么，什么是积极的心态呢？让我们看看下面的例子吧！

查理出身贫寒，初中毕业后他就离开了家，赌博、斗殴、酗酒，同"边缘人物"混在一起。军事冒险者、逃亡者、走私犯、盗窃犯等一类人都成了他的同伴。最后，他因走私麻醉药物而被捕，受到审判并被判了刑。查理进监狱时扬言任何监狱都无法关住他，他会寻找机会越狱。

但此时发生了一件事情，查理的妈妈寄来一封信："你提起被关在监牢多么难受，我真的可以理解。查理，你可以选择看着铁窗，也可以选择透过它看外面的世界；你可以成为囚友的榜样，也可以与那些捣乱分子混在一起。这一切，都在于你内心的选择。"看完妈妈的信，查理悔悟了，他决定停止敌对行动，争取好的表现，变成这所监狱中最好的囚犯，进而改变自己的人生。

积极的心态让查理看起来热切和诚恳，因而博取了狱吏的好感。从那一瞬间起，他整个的生命浪潮都流向对他最有利的方向，他顺利地获得了一份电力工作。"我一定要干好这份工作，我可以的"，查理继续用积极的心态从事学习和工作，他成了监狱电力厂的主管人，领导着一百多个人，他鼓励他们每一个人把自己的境遇改进到最佳的地步，最终他和他的囚友们都提前出狱，重回社会。

查理曾经被判刑入狱，如果他继续往原来的方向奔去，谁知道他会变成什么人啊。幸好妈妈的信件，使他学会了用积极的心态去解决他的个人问题，终于把他的世界改造成为适合生活的更好的世界，他得到了平静的心情、幸福、热爱和人生中有价值的东西，这就是积极心态的力量。

可见，积极的心态就是用积极的思想、语言不断提示鼓励自我、安慰自我，克服悲观、沮丧和恐惧心情，在内心里认为自己能够成功、正在进步，并且会越来越好，从而使心理状态得到自我调整，激发出自身内在的积极力量和优秀品质，进而最大限度地挖掘出自己的潜力。

詹姆士·艾伦在《人的思想》一书中说，"一个人会发现，当他改变对事物和其他人的看法时，事物和其他人对他来说就会发生改变——要是一个人把他的思想朝向光明，他就会很吃惊地发现，他的生活受到很大的影响。人不能吸引他们所要的，却可能吸引他们所有的……能改化气质的神性就存在于我们自己心里，也就是我们自己……一个人所能得到的，正是他们自己思想的直接结果……有了奋发向上的思想之后，一个人才能奋起、征服，并能有所成就。"

"安利之父"、美国著名的企业家理查·狄维士也极为推崇积极的心态，他甚至将毕生卓越的经营理念归结为"积极思考"，或称为"积极心态"。他认为，"拥有积极向上的心态，这是培养领导力、取得事业进展的关键；生活在当下的每一个人，都需要掌握积极思考的智慧。"

记住，你的心态是你，而且只有你，唯一能够完全掌握的东西。练习控制你的心态，并且利用积极心态来引导它。接下来就很简单了，等待好运的出现，这是真的！就如日本西田文郎所言，"我敢如此断言，因为幸运是有原则的，只要遵循着幸运的大原则去生活，人生就会一路幸运，好运挡也挡不住。"

一些有重要意义的提示语，以供参考：
如果相信自己能够做到，你就能够做到；
在我生活的每一个方面，都一天天变得更好而又更美好；
我凭借自己的行动，就能变成我想做的人；
我觉得自己很棒，好得不得了！
……

3　一切都会很好

给自己的心情化化妆。

在生活中，你有没有过这种体验：当你认为周围的事不顺心，处处都是烦恼时，心里就会产生烦躁情绪，做起事来更急躁，对他人也更没有耐心。结果，这很容易令你所做的事情出现差错，使你的人际关系变得糟糕，而这又会导致你情绪低落，渐而渐之居然形成了一种恶性循环。

怎么办？日子总是要继续的。如果你暂时无法改变这种境遇，那么你可以做到改变行动，然后通过行为来改善情绪。也就是说，接受这一切，然后把嘴角上扬，装出一副开心的样子，勇敢地面对它。

假装快乐，假装微笑，也许刚开始很像自我欺骗，有点勉强，但是假装快乐确实是一种快速调整情绪的好方法，可以使人们尽快脱离不良情绪。形成习惯以后，快乐就仿佛长在了身上，成为了身体的一部分。关于这一点，就连实用心理学顶尖大师威廉·詹姆斯也说："如果你不开心，那么，能变得开心的唯一办法是开心地坐直身体，并装作很开心的样子说话及行动。"

这是因为，人类身体和心理是互相影响的，某种情绪会引发相应的肢体语言，肢体语言的改变同样也会导致情绪的变化，当无法调整内心情绪时，你可以调整肢体语言，带动出你需要的情绪。比如强迫自己做微笑的动作，就会发现内心开始涌动欢喜，所以假装快乐，你就会真的快乐起来，这就是身心互动原理。

不信？你可以先在脸上堆起一个大大的真诚的微笑，放松肩膀，深吸一口气，再唱首歌。如果不会唱，就吹口哨，不会吹口哨的，就哼唱。很快，你就会明白威廉·詹姆斯的意思——如果你的行为散发的是快乐，就不可能在心理上保持忧郁，体会了其中的真谛你的人生将会充满快乐。

我们来看一个经典的故事。

有一个女孩小时候不小心跌倒了，结果左额上留下了一块伤疤，这让她觉得自己很丑，她不愿意和别人打招呼，甚至不愿意抬头走路，每天情绪都很低落。一天，妈妈送给女孩一只发卡，发卡别在头发上正好挡住了那块伤疤。女孩立刻觉得自己变漂亮了，于是就别着发卡出门了。

一整天女孩都觉得心情很好，好像每个人对她都比平时更亲切，她也主动和别人打招呼，上课听讲也更认真了，因为她觉得好像每个老师都在注意她。回到家里，女孩兴奋地和妈妈说："妈妈，你送给我的这个发卡实在太神奇了！我从来没有感觉这么好过。"接着，她把当天在学校发生的一切和妈妈讲了。

妈妈听后，纳闷地说："女儿，可是你今天并没有戴这个发卡啊。你看，早上你出门后，我在门口捡到了它！"

故事中这个女孩的变化，与其说是因为发卡的存在，不如说是一种假装的艺术，她觉得自己很开心所以就真的很开心。这也正好印证了世界级潜能开发专家安东尼·罗宾所说："你有什么样的感觉，你就有什么样的生活。"

微笑是最美丽的符号，为何要板着脸不苟言笑呢？许多事情我们无法改变，但好心情也要随之消失吗？当然不是，即使那些没有头绪的问题使你焦头烂额，但起码也要使自己保持好情绪，笑一笑，那样，好心情不仅挂在你脸上，而且喜在你心头，快乐真的会源源不断向你"袭来"。

山姆原本是一个不起眼的年轻人，他的工作就是每天站在工厂里的车床旁边卸下螺丝钉。一开始他非常厌倦这个工作，但当他发现无法改变现状时，就想："与其这样郁闷，倒不如开心一点吧。"琢磨来琢磨去，他决定和旁边的同事比赛。他们一个磨平螺丝针头，另一个负责整修螺丝钉的大小。

接下来，山姆将工作当成了一项快乐的游戏，他整天兴趣百倍地工作着，优秀的成绩使他赢得了很多赞誉。对此，山姆解释道："虽然只是假装喜欢自己的工作，但我真的就多少有点喜欢它了。后来，我发现自己真的喜欢上了这份工作，一旦喜欢了自己的工作，效率就提高了。"

听着大家的称赞，山姆更加喜欢这个工作了，结果这种新的工作态度，使经理认为他是个好职员，山姆很快被提升到更高的职位。山姆的优秀表现使这条晋升之路一帆风顺，最终成为了行业中的佼佼者！"竞争如此激烈，我不能垮掉，也不敢垮掉，我就假装快乐。微笑是免费的，假装快乐不用花一分钱，但它们却能伴随我渡过许多难关……"这正是山姆的成功秘诀。

在这里，山姆看似是能力的提升，其实是一种情绪的变化，一种自我心理调节，他的"假装快乐"最终弄假成真了。如果当初他没有假装快乐，他就不会改变对工作的态度，或许他这一辈子都只是一个卸螺丝钉的基层工人。

可见，情绪不仅需要修炼，还要学会演绎，也就是说，有时候我们通过"表演自我"，将调整而得的最佳身心状态"诱导"出来。当然，这种表演并不等于虚伪做作，而是借助脸部或者身体表现出积极的情绪状态，进而把积极信号反馈回大脑，然后再诱发出真实的情绪感觉。

假装不只是一种快乐的哲学，更是一种人生的境界。作为一个奔波在繁杂都市中的普通人，我们每天都不可避免地要面临各种各样的难题，当你对现状无能为力时，当你对生活心有不满时，不要乱，不要慌，深吸一口气，稳定心神，微笑着告诉自己："一切都很好，是的，我能应付。"

4 微笑，微笑

用微笑把痛苦埋葬，才能看到希望的阳光。

世界上有一种很美丽的语言，它不需要你夸夸其谈，更不需要你画蛇添足去粉饰，但它却能传递给别人最奇妙、最具杀伤力的阳光般的温暖，不仅能给生命带来春天般的温馨气息，更能融化冰雪般的悲伤。正如诗人雪莱所说："微笑是仁爱的象征，快乐的源泉，亲近别人的媒介。"

有一个穷苦的妇人，带着一个约摸四岁的女孩在逛街。走到一架快照摄影机旁，孩子拉着妈妈的手说："妈妈，让我照一张相吧。"妈妈弯下腰，把孩子额前头发拢在一旁，很慈祥地说："不要照了，你的衣服太旧了。"孩子沉默了片刻，抬起头来说："可是妈妈，我会面带微笑的。"

"我会面带微笑的。"小女孩的这句话听起来没有什么特别。可是在现实生活中，并不是每个人都能做到这一点。假如你在摄像机前也像那个贫穷的小女孩一样，穿着破烂的衣服，一无所有，你能坦然而从容地微笑吗？恐怕，很多人会怨天尤人，发牢骚，自怨自艾，甚至

第三辑 你若盛开，清风自来
快活者，境随心转自安然

堕落放纵……

然而，这一切并不会帮到你什么，只让你的生活笼罩着痛苦和沮丧的迷雾。与其这样，我们为什么不开阔心胸，为何不快快乐乐地生活呢？即使在困境中，只要我们的脸上始终带着微笑，那么即使在面前有多大的困难，我们也能迅速地迎刃而解，我们的生活也会充满灿烂的阳光。

"人，不能陷在痛苦的泥潭里不能自拔，遇到可能改变的现实，我们要向最好处努力，遇到不可能改变的现实，不管让人多么痛苦不堪，我们都要勇敢地面对，温和一点，宽容一点。用微笑把痛苦埋葬，才能看到希望的阳光。"这段话摘自颇有影响的作家伊丽莎白·唐莉《用微笑把痛苦埋葬》一书。

让我们一起来看看她的故事吧！

"二战"期间，在庆祝盟军于北非获胜的那一天，家住美国俄勒冈州波特南的伊丽莎白·康莉女士收到了国防部的一份电报：她的儿子在战场上牺牲了。这是她唯一的儿子，也是她唯一的亲人，那是她的命啊！伊丽莎白·唐莉无法接受这个突如其来的严酷事实，她痛不欲生，心生绝望，觉得人生再也没有什么意义，于是她决定放弃工作，远离家乡，然后找一个无人的地方默默地了此余生。

在整理行装的时候，伊丽莎白·唐莉忽然发现了一封几年前的信，那是儿子在到达前线后写给她的。信上写道："请妈妈放心，我永远不会忘记您对我的教导，无论在哪里，也无论遇到什么样的灾难，我都会勇敢地面对生活，像真正的男子汉那样，能够用微笑承受一切不幸和痛苦。我永远以您为榜样，永远记着您的微笑。"伊丽莎白·唐莉把这封信读了一遍又一遍，"是啊，我应该像儿子说的那样，用微笑埋葬痛苦。我没有起死回生的神力改变现实，但我有能力继续生活下去。"

后来，伊丽莎白·康莉打消了背井离乡的念头，她再度开始工作，不再对人冷淡无情。同时，为了找出新的兴趣，结交新的朋友，她还参加了一个成人教育班。再后来，她打起精神开始写作，立足于自己的经历，著成了《用微笑把痛苦埋葬》这本书，一举成就了她作为一名出色作家的荣誉。

"用微笑将痛苦埋葬，才能看到希望的阳光。"伊丽莎白·唐莉说得多好啊！伊丽莎白·唐莉用微笑将痛苦埋葬，用希望代替了绝望，走过了艰难岁月，让快乐成为了生活永恒的格调。她的故事再一次启迪我们：微笑能将残酷的现实掩埋，用微笑去对待生活，那么生活也必然会对你微笑的。

有一位哲学家曾经说过："微笑对于一切痛苦都有着超然的力量，甚至能够改变人的一生。"这句话一点也没错，生命的意义与目的在于无限地追求快乐和避免痛苦。不管现实让人多么痛苦不堪，我们都不能陷在痛苦的泥潭里不能自拔，而应该保持微笑，用微笑埋葬痛苦。

寒梅无法选择季节，但却傲视冰霜；秋菊无法选择时令，却代秋天发

第三辑 你若盛开，清风自来
快活者，境随心转自安然

言；人无法选择无痛的命运，那就学会微笑吧！微笑是一种心态，心态得益于修养；微笑是一种境界，境界依靠的是磨炼。真正懂得微笑的人，总是容易吹散郁积在心头的阴霾，获得比别人更多的成功机会，让生活井然有序地前行。

不论是《摩登时代》还是《淘金记》，在电影中永远扮演草根阶层的卓别林，面对挫折也好，幸运也罢，总是报之以一个憨厚淳朴的微笑，微笑成了卓别林的默片的标志物。对于微笑，卓别林这样解释："微笑吧，即使胸口怀着伤痛；微笑吧，不管伤心往事在心中。当天空布满阴云，你都将渡过难关，只要你在恐惧与悲痛中微笑、微笑，也许明天，就能看到阳光普照。"

所以，当你觉得痛苦时，不妨微笑，再微笑，让所有的微笑在阳光里徜徉而行，不让任何微笑滞留在生命的罅隙处。你会惊喜地发现，心中的仓促和不安静止了，世界的大门为你敞开了，原来生活如此美好。在微笑里让自己的每一天前行，无畏无惧，这是岁月的使然，也是生命的必然。

5　用黑色的眼睛寻找光明

幸运之神的降临，往往因为你多看了一眼。

太阳东升西落，于是就有了一天的昼和夜。昼夜交替，顺逆相依，这本是自然运转的规律。问题是很多人身处黑夜，看不到希望，看不到转机时，往往如同热锅上的蚂蚁，失去理智，不能判断方向，手忙脚乱，结果无功而返。

身处黑夜困境并不可怕，可怕的是丧失斗志、放弃希望。人生的成功与否，其实在于心境，在于我们能否在黑夜中寻找光明。

记得诗人顾城的一首诗中有这样一句话："黑夜给了我黑色的眼睛，我却用它寻找光明。"的确，身处黑夜，不自暴自弃，仍然仰望光明并孜孜以求，哪怕抓住的只是身边细小的机会，有可能只是捡到一个"苹果"，也有可能使自己成为一个自强不息的人，谱写出一曲自强不息的人生赞歌。

抱定这样一种生活信念的人，最终都实现了人生的突围和超越。其中，海伦·凯勒就为我们树立了楷模形象。

1880年，海伦·凯勒出生于亚拉巴马州北部一个叫塔斯喀姆比亚的城镇。在她一岁半的时候，一场猩红热夺去了她的视力和听力——她再也看不见、听不见，接着她又丧失了语言表达能力。海伦仿佛置身在黑暗的牢笼中无法摆脱，万幸的是她并不是个轻易放弃的人，她渴望光明。

不久，海伦就开始利用其他的感官来探查这个世界了。她跟着母亲，拉着母亲的衣角，形影不离。她去触摸，去嗅各种她碰到的物品。她模仿别人的动作且很快就能自己做一些事情，例如挤牛奶或揉面。她甚至学会靠摸别人的脸或衣服来识别对方，她还能靠闻不同的植物和触摸地面来辨别自己在花园的位置。

当然，对于一个聋盲人来说，要脱离黑暗走向光明，最重要的是要学会认字读书。而从学会认字到学会阅读，更要付出超乎常人的毅力。海伦是靠手指来观察家庭老师莎莉文小姐的嘴唇，用触觉来领会她喉咙的颤动、嘴的运动和面部表情，而这往往是不准确的。她为了使自己能够发好一个词或句子，要反复地练习，最终她凭借自己的努力考入了美国哈佛大学的拉德克利夫学院。在大学学习时，许多教材都没有盲文本，要靠别人把书的内容拼写在手上，因此海伦在预习功课的时间上要比别的同学多得多。当别的同学在外面嬉戏、唱歌的时候，她却在花费很多时间努力学习。

就在这黑暗而又寂寞的世界里，海伦竟然学会了读书和说话，并以优异的成绩毕业，成为一个学识渊博，掌握英、法、德、拉丁、希腊五种文字的著名作家和教育家，她的《假如给我三天光明》感人至深。之后，她走遍美国和世界各地，为盲人学校募集资金，把自己的一生献给了盲人福利和教育事业。她赢得了世界各国人民的赞扬,并得到许多国家政府的嘉奖。有人曾如此评价她:"海伦·凯勒是人类的骄傲,是我们学习的榜样,相信众多的有疾病而聋、哑、盲的人都能在黑暗中找到光明"。

阴影恰好证明了阳光的存在,在黑夜中也能寻找到光明,海伦·凯特并没有因为自己视野的盲区而遮住人生绚丽多姿的风采。原来,眼盲并不算是永别了光明。世界上没有无边的黑暗,只要拥有坚强的毅力和不惧黑暗的勇气,终究会看到黎明时喷薄的太阳,这也正是追求光明的意义所在。

假设,如果海伦·凯特的心完全被黑夜占据,迷失在自我的沉沦中,那么即使艳阳高照,她的心仍然是冰冷的,生活是阴郁的、黑暗的,更别提做出一番有意义的作为了。也就是说,一个人心中没有了希望,也就没有了斗志,他就被彻底地击败了。没有理性的照耀,才是真正的黑暗。

中国有一句古话,叫天无绝人之路,绝境之中往往也蕴含着机会,只要我们不绝望,不放弃,有坚定信心,在困境中找希望,哪怕这个希望只有万分之一,哪怕有可能只是捡到一个"苹果",但这就是转机,是我们能否成功的关键,正可谓"幸运之神的降临,往往因为你多看了一眼"。

青霉素的发明就是一个很好的典型。

第三辑 你若盛开,清风自来
快活者,境随心转自安然

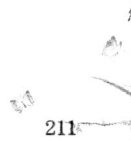

英国医学家亚历山大·弗莱明多年来一直在进行细菌的研究工作，他的研究对象是能置人于死地的葡萄球菌，为此需要经常培养细菌。1928年的一天，由于葡萄球菌培养基的盖子没有盖好，靠近封口的葡萄球菌被溶化成露水一样的液体，而且显示为惨白色。看来这次实验又失败了，弗莱明有些苦恼。

弗莱明刚想把这个"坏掉"的培养基扔掉，但是他又看了看，心想："这是什么物质呢？一定是有一种奇特的东西，把毒性强烈的葡萄球菌制伏了，消灭了。"于是，他对封口的泥土进行了化验和提炼，加倍仔细地观察、分析。终于，一种能够消灭病菌的药剂——青霉素被发现了，人类医疗事业翻开了新的一页。

巴尔扎克说过这样一句话："机缘的变化极其迅速，显赫的声名总是无数的机缘凑成的。"这并不是说幸运的机缘有多么吝啬，而是要我们善于发现机缘。这种善于便是在黑暗中寻找光明，比他人再"多看一眼"，别忘了摘个"苹果"来，不放过任何一个可能，并努力将它变为一种成功。

欢乐常有，不顺心的事也不可避免。在光明下欢笑是一种本能，而在黑暗中欢笑则是一种品质。在黑夜中寻找光明，需要具有"天生我材必有用，千金散尽还复来"的旷达，需要具有"采菊东篱下，悠然见南山"的闲适。这是一种宽广之心胸，是一种博大之力量，更是一种从容的安然。

6　放不下，就要背着伤痛

一念放下，浑身自在。

都市人之所以在感情里糊涂，生活中忙碌，职场中沉浮，人生中迷茫，整日心烦意乱、劳苦负累而不得超脱，皆因有所牵挂、放不下造成的。人在心情不好的时候会不自觉地把坏心情抱得更紧：关门不跟人说话，或是嘟着嘴生闷气，或是锁着眉头胡思乱想，结果心情只会越来越糟糕。

一个老和尚带着一个刚出家的小和尚去山下化缘，小和尚一路上都恭恭敬敬地看着师父。他们走到一条小河边的时候，看见一位美丽的少女在那里踌躇不前。由于穿着丝绸的罗裙，无法跨步走过浅滩，少女便请求和尚们背自己过河。

老和尚毫不犹豫地背起这个少女下了水，趟过湍急的河水，把少女背到了对岸，放下少女，老和尚默不作声地继续往前走。但是，小和尚再不能安心走了。他一直在想师父不是老和我说我们出家人不能近女色的吗？为什么他就背着少女过河呢？

离开河边20多里了，小和尚还是一直被这样一个问题困惑着，一路纳闷着。最后，小和尚终于忍不住了，问老和尚："师父，你不是说我们出家人不能近女色的吗？为什么你就能背那个漂亮姑娘过河呢？"

"呀，你说的是那个女人啊，我早已经把她放下了，你怎么还背着她呢？"师父答道。

与师父相比，小和尚显然在生活智慧上还有很大差距。他不懂得放下，一直纠结于师父背少女过河的事情，结果给自己带来了诸多烦恼。相信很多人是那个无法"放下"的小和尚。与之相反，老和尚始终明白这样一个道理：生活中要想获得快乐，就必须要放下这个，也放下那个！

什么是放下？放下不是一味的冷漠，不是一味的逃避，不是一味的恐惧。放下，是要从心里面去放下。放下，如果得法，就是我们最好的安心剂。生活的快乐与悲伤、生命的长度与深度就在一收一放之间，尽数了然。

有一位女人抱着死去的儿子尸体去求佛祖让他儿子死而复生，佛祖跟她说："请接受你的儿子死去的事实，放下吧！"
女人说自己放不下，依然央求。
佛祖从地上捡起一把干草，让女人用手拿着，然后从另一头点火。
火烧到女人的手时，女人痛得把干草掉在地上，儿子的尸体也掉了下来。
佛祖曰："不放下的话，你只有痛。"

生活在都市的繁忙下，很多人总是喊着活得太累，工作压力大、生活负担重、人际交往复杂，为什么会这样呢？这正是因为很多人放不下，紧抱着不好的情绪，而不肯放过自己。事实上，如果我们都像佛陀指示的那样能够放下，便会获得轻松，获得幸福。我们无法左右命运的走向，但是却可以放弃心中的负担。

放下，需要勇气；放下，是种境界。放，是痛定思痛后的清醒，是超越世俗的大智慧，是画龙后的点睛，更是深刻后的平和。正如一句话所说"握紧拳头，你的手里是空的；伸开手掌，你拥有全世界。"

因此，我们要想拥有好心情，就得从坏心情中开脱。对于那些给自己制造困扰的想法，要狠下心来，把它抛开，这样就能从烦恼的死胡同中走出来，就能拥有好心情，进而在生活中应付自如。

在《禅意与化境》中有一则关于佛陀的传说。

一个信徒一手拿着一个花瓶，前来献佛。
佛陀对信徒说："放手！"
信徒把他左手拿的那个花瓶放下。
佛陀又说："放手！"
信徒又把他右手拿的那花瓶放下。
然而，佛陀还是对他说："放手！"
这时，信徒说："我已经两手空空，没有什么可再放的了，请问你要我放什么？"
佛陀说："我要你放的是你的六根、六尘和六识。当你把这些统统放手，再没有什么了，你将从生死桎梏中解脱出来。"

本自清净，无物可放，亦无物可得。烦恼是外来之物，那就该放就放下吧。

你心里的不快，世界的浮华纷扰，你放下了吗？

舍得，舍得，就是有舍才有得。

放下，你将解脱烦恼，享受自在人生。

放下，你将快乐淡定，心灵刹那花开。

放下，是在以另一种方式诠释着人生……

7　给生活加一点盐

来点幽默，就等于给生活加了盐。

职场失败的酸楚，人际关系的不协调，经济窘迫等，这些不如意都会给人们带来很多的烦恼。这时候，如果我们情绪上低落、忧虑，或者紧张等，那么多少都会影响到正常的思维，不能全面分析问题，进而将快乐推开得更远。

此时，为何不试着幽默一下呢？在心理防御机制中，幽默是化解痛苦的一种有效方法。很多心理学家根据多年的实验得出了这样一个心理学结论：当你有痛苦的时候，用幽默的方式去理解痛苦，你会得到更多正面的解释，更容易了解痛苦的合理性，从而降低痛苦对你的负面影响。

张炜是某公司的业务代表，最近他不幸地患上了强迫障碍，在走路时控制不住想跳过井盖，非常沮丧。晚上他躺在床上时想："遇到困难时别总垂头丧气，想个高兴事吧！对，想想卓别林演的电影吧。自己总强迫性地跳过井盖，就好像电影中那位男主人公一样，见到螺丝一样的东西就拿扳子拧，在工作流水线上拧螺丝，下班去拧女士们大衣的纽扣。"当张炜想到幽默大师那么认真、幽默的表演时，止不住笑了起来，心情一下子变得好多了。

由于这种症状影响到了工作，张炜从总公司被调至分公司服务。决定人事变动的经理以安慰的口吻对他说："你也用不着气馁，不久以后，我们还是会把你调回总公司的！"已经尝到幽默"甜头"的张炜以第三者的口气，毫不在乎地说道："哪里？我才不会气馁呢！我只不过觉得有点像董事长退休时的心情而已。"

面对身体上的疾患，面对工作上的调动，任谁都无法坦然地接受，但是张炜不气馁，不暴躁，他懂得靠幽默来调节自己，从而消除了内心的郁闷，使自己以良好的心态投入到生活和工作中去。的确，烦恼、痛苦、忧虑、紧张会影响我们的理性，而幽默恰恰可以化解这些负面性因素，促使理性的回归。

乐观与幽默是亲密的朋友，生活中如果多一分乐观与幽默，那么就没有克服不了的困难，也不会出现整天愁眉苦脸，忧心忡忡的痛苦者。用幽默的心情看待人生，其实正是现代都市人应有的生活态度。有幽默感的人，凡事健康思考，保持正面态度，当遇到麻烦时，往往容易化险为夷。

出身穷苦的林肯曾多次面对挫败，八次竞选八次落败，两次经商失败，甚至还精神崩溃过一次。然而，在这当中他学会以自嘲、调侃、讲大白话等幽默方式来排解无尽的烦恼，营造内心的愉悦，进而改变了自己的人格，也改变了自己的命运，最终成为美国历史上最伟大的总统之一。

下面是几则林肯的小事，我们完全可以领略其幽默的穿透力。

林肯的容貌是很难看的，他自己也知道这一点。一次，他和竞选对手斯蒂芬·道格拉斯进行辩论，道格拉斯指控林肯说一套做一套，是一个地地道道的两面派。林肯答道："现在，让听众来评评看。要是我有另一副面孔的话，您认为我会戴这副这么难看的面孔吗？"他的话逗得大家哄堂大笑，连道格拉斯本人也跟着笑了起来。

林肯当上总统后，由于出身低微，总有政敌想方设法来侮辱他。在一次公开场合，他收到下面传来的一张纸条，上写"笨蛋"两个字。林肯瞄了一眼，知道这是有人在捣乱。他没有生气，而是笑着对广大听众说："我们这里只写正文，不记名。而这个人只写了名字，没写正文。"

林肯的妻子做了总统夫人之后，脾气愈来愈暴烈。她不但随意挥霍，还常对人大发淫威，一会儿责骂裁缝收费太多，一会儿又痛斥杂货店的东西太贵。有一位吃够了总统夫人"苦头"的商人找林肯诉苦，林肯苦笑着说："先生，我已经被她折磨了15年了，你只需要忍耐15分钟不就完了吗？"

　　林肯的笑是苦恼的笑，是一种在困境中的乐观，这使得他的幽默更有感染力，也更深入人心。美国人常说："比起林肯受过的苦，我眼下的苦算得了什么？"美国人还常说："既然林肯都能够变得幽默起来，那么我也能。"幽默，是林肯一生修炼的功夫，也是其人格魅力之所在。

　　一位禅师曰："聪明的人懂得幽默，幽默的人充满阳光，阳光的人快乐地生活。"当生活中遇到什么难题时，我们不妨来一点幽默。有了幽默，我们就可以以笑来代替苦恼；借着幽默的力量，我们能使自己超越痛苦。

　　幽默是人类在生活困境中创造出来的一种健康品质，它以愉快的方式方法体现人的真诚、大方和善良的心灵。它是追求向上者希望人生重担所必须依靠的"拐杖"，能使人自在地感受到自己的力量同时，独立应付任何困境，战胜任何困难，更可能改变一个人的性格，甚至改变一个人的生活和命运。

　　那么，我们应当怎样培养自己幽默的能力呢？首先，幽默是一种智慧的表现，它必须建立在丰富知识的基础上；其次，心态要积极健康，性格要开朗乐观，对生活充满信心与热情，为人雍容大度，不能斤斤计较；最后，要有高尚的情趣、丰富的想象，从而做到妙言成趣，恰如其分，符合时宜。

8　一念之转,改变处境

假如生活欺骗了你,不要忧郁,不要愤慨。

为什么自己出生在偏远地区,而不是城市里?为什么自己大学毕业的时候偏偏赶上国家不再分配工作?为什么自己拼命工作,而老板却把晋升的机会给了一个亲戚?为什么自己成家立业的时候房价较几年前翻了数倍?……

每一个人都期盼着公平,但是绝对的公平是不存在的。遭遇生活的不公平时,很多人无法适应,怨天尤人,整天活在忧郁之中,这或许能解一时之气,但我们也就等于被生活击垮了,更别提获得安然的生活方式了。

试想,如果你大学毕业后被分在基层工作,你一边愤愤不平,一边敷衍工作,那么你会有升职的机会吗?恐怕不能,因为老板会认为你连最简单的事情都做不好,根本不会有责任和能力去做更高级的工作。

上天眷顾的人只是少数,而我们只是那大多数中的一部分。既然这样，我们何必对那些不公平的人或事耿耿于怀呢？正确的方法是温和宽容、平心静气，以忍灭嗔，不被不公平所牵绊，思考如何更好地适应生活的不公，创造公平。正如比尔·盖茨所说："生活是不公平的，你要去适应它。"

蔡琰来自西安山区的一个贫穷农村，专科毕业后为了谋生他来到西安一家大型企业做保安。最初，这个小保安感到很沮丧，因为在很多人心中保安是和"素质低下"、"没有文化"这些词相联系的。曾有同学想给他介绍对象，女方"啊"地叫了一声，"什么？一个保安？"连要求外来人员出示证件这种例行的工作，他也会碰钉子，"哎呀，你不就是个保安吗，还查什么证件呀！"

这些经历让蔡琰感觉自己不被尊重，他一度眼红，很不服气："命运为什么这么不公平？凭什么那些白领们在干净优雅的办公室里办公，而我却要站在风里雨里站岗？"不过，他很快调整了自己的心态，决定努力缩小与这些人的差距，之后他利用所有的闲暇时间用来充实自己，他利用休息时间攻读英语、经济管理、社会心理等课程。由于什么都是从头学起，蔡琰学得很拼命，就算是坐火车回老家时他也拿着书在看。有时，看到周围的同事业余时间在看电视、打篮球，他也心里痒痒的，但一想起别人说的"你不就是个保安吗"，他就会咬牙学下去。

就这样，"潜伏"了近三年，蔡琰通过成人高考考上了西安师范学院的经管系，他一边工作，一边学习。通过几年的认真学习和实践锻炼，他的个人能力得到了提高，并以全班第一的优秀成绩毕业。一毕业，他就被一家大型企业录用了，月薪比保安工作翻了好几倍，他已经是一名真正的白领了。

出身贫困，没有学历、没有关系，蔡崶面临了太多的不公平，但是他凭着勤奋与坚持，取得了令人瞩目的成功。这个事例告诉我们一个道理：不要在公与不公上过多计较，放弃抱怨和愤怒，接受不公平的现实，及时做一些更有价值的事情，把力用在发展能量、提高自己上面，那么早晚有一天生活会给我们公平的回报。

面对生活的不公平，每个人因为自己的修养、意志、胸怀、境界的不同，会有很不同的态度，会做出不同的反应。正是这种不同，造就了一个人和另一个人，一些人和另一些人的不同人生。换句话讲，一个人的生活未来和成长实现，主要取决的不是他如何面对公平，而是他在不公平环境中有怎样的表现。

有这样一种人——他们早已知道，生活中没有绝对的公平。当不公平出现的时候，他们不会愤怒，不会抱怨，也不会惊慌失措，而是把它当做人生必修之课去应对，必做之题去演算。无论生活是公平的还是不公平的，他们都能够温和宽容地对待，以忍灭嗔，坚持自己给自己公平。

在这方面，文艺复兴时期英国最杰出的戏剧家和诗人莎士比亚是一个经典的楷模！

莎士比亚在很小的时候有机会接触到了剧团演出，他好奇一个小小的舞台竟能演出一幕幕变幻无穷的戏剧来，便暗下决心：要终身从事戏剧事业，当个戏剧家。但是，当时英国的戏剧工作是一个高级的职业，活跃着一批受过高等教育，而且在戏剧方面有些成绩的职业剧作家，他们垄断了剧坛，根本不许普通人插入。

为了更加接近戏剧事业，莎士比亚主动到戏院做马夫，专门等候在戏院门口伺候看戏的绅士。待表演开始后，他就从门缝或小洞里窥看戏台上的演出，边看边细心琢磨剧情和角色。回到家后，他时常模仿台上人物和戏剧情节，有声有色地演戏，他还发愤地翻看文学、历史等方面的书籍，自修希腊文和拉丁文，掌握了许多戏剧知识。

终于，莎士比亚等上了一个上台表演的机会。有一次，剧团需要临时演员，莎士比亚"近水楼台先得月"。由于出色的理解力和精湛的演技，他的表演得到了大家的肯定，不久就被剧团吸收为正式演员。之后，莎士比亚大量阅读各种书籍，了解了各国的历史和人民不幸的命运。27岁那年，他写了历史剧《亨利六世》三部曲，正式进入了伦敦戏剧界。1595年，他又写了《罗密欧与朱丽叶》，剧本上演后，莎士比亚名震伦敦，成为英国戏剧界大师级人物。

面对周围不尽如人意的环境，莎士比亚并没有整天抱怨人生的不公平，而是从戏剧界最底层的马夫做起，努力学习戏剧知识，最终将现实中令人不满意的成分降低到了最低限度，成为了一名闻名海外的戏剧家。

唯有适应当下的环境，才有机会去改变自己的处境。

普希金有一首短诗《假如生活欺骗了你》："假如生活欺骗了你，

不要忧郁，不要愤慨；不公平时，暂且忍耐。相信吧，快乐的日子将会到来。"不要奢望自己成为上帝的宠儿，假如生活欺骗了你，给了你诸多不公平的待遇，那么请接受普希金的忠告吧，"不公平时，暂且忍耐。"

9　盛放你心中的紫罗兰

宽容如甘露，滋润干枯的心灵。

路旁，一朵小小的紫罗兰花开了。

有人从路上跑过去时，脚踩了紫罗兰。

"你疼吗？"树上的小鸟问。

"虽然很疼，也要忍耐一下，人们不是故意踩我的呀！"紫罗兰这样说着，静静地挺直了身躯，然后把身子一晃，好闻的香气浓郁地弥漫开来。

当一只脚踩到了一朵盛开的紫罗兰时，紫罗兰非但不会埋怨，还将一缕幽香留在那只伤害了它的脚上，将芳香撒满人间。踏花的人无情，紫罗兰却有情，以恩报怨。这是一种什么品质？这种品质就叫宽容。

因为生存的空间不同、成长的环境不同，也由于后天各类因素的影响，每个人都有不同程度的弱点与缺失，在人际交往中难免产生摩擦、矛盾等。此时，我们应该学会忍耐，学会宽容，这是对别人的释怀，也是对自己的善待。

春秋时楚国内乱平息后，楚庄王以香酒佳肴宴请文臣武将，并让后宫妃嫔出来敬酒，给大家助兴，最宠幸的许姬也在其中。酒到半酣刮起大风，吹灭了所有烛火，大厅里一片漆黑。黑暗中，不知是谁仗着酒兴想轻薄许姬，在拉扯的过程中，许姬扯下了那个人官帽上的缨带，跟楚庄王说："大王，刚才有人趁乱想非礼臣妾，不过我拔下了那个人的帽缨，待重新点亮蜡烛就能查出此人。"

许姬原以为楚庄王会为自己做主，没想到楚庄王却对大家说："寡人今日设宴，大家都要开怀畅饮，不醉不归。为了让大家不要顾念君臣之礼，请诸位把帽缨摘掉，尽情地畅饮。"待到烛光重新点燃，朝堂上坐着的全是没有帽缨的人。许姬环视了一下，看不出来谁是刚刚调戏自己的那个人，便拂袖离去了。

三年后，晋国侵犯楚国，两国开战，楚庄王亲自带兵与敌人交战。楚庄王发现，在自己的军中有一员猛将，他不仅在战场上奋勇杀敌，而且还带动了其他将士的作战情绪，使得自己的军队能够一次又一次的获胜。有一次，楚庄王深入险境，险遭杀身之祸，幸亏这位猛将拼死护驾，才让他成功脱离险境。

凯旋的时候，楚庄王要对那位将军进行封赏。他问那位将军想要什么，可那位战士什么都不要，而是立刻跪倒在地说："大王已经赏赐过了，上次在黑暗中，酒后失德调戏许姬的正是末将。大王以宽广的胸怀，饶恕了我,不但没有治我的罪,反而想尽办法,保我周全,我只有奋勇杀敌才能报答大王。"

在这件事情中,将军调戏君王的爱妾无疑是对君王的侮辱,但楚庄王并没有生气,反而以宽容忍让的精神掩护了此人,结果换来了这位将军的奋勇杀敌、忠心耿耿。设想,如果楚庄王当初将那位将军斩首示众,又怎么会赢得其的以死相报呢,也许楚庄王就会死在战场上,更别提做出一番霸业了。

学着对别人宽容一点吧,以博大的胸怀去宽容别人。宽容是一种无声的教育,正像紫罗兰一样默默给人留下启示,当它把香味留在你的脚下的那一刹那,又同时给人留下了崇高与豁达的印象,你还会因此获得化干戈为玉帛的魔力,从而能够从容不迫地游走人际,安然享受生活的乐趣。

雨果曾说:"宽容就像清凉的甘露,浇灌了干枯的心灵;宽容就像暖和的壁炉,温热了冰凉麻痹的心;宽容就像不熄的火炬,点燃了冰山下将要熄灭的火种;宽容就像一只魔笛,把沉睡在黑暗中的人叫醒。"在这个世界上,没有什么能跳出宽容的胸怀,没有什么能抗衡博爱的温暖。

世界上最宽阔的是海洋,比海洋更宽阔的是天空,比天空更宽广的是胸怀。把自己的心胸打开,用温和宽容的气度去容纳他人……

你，看到了吗？你心中的紫罗兰已经盛开了。它那灿烂的笑容是生命旋律上的一丝颤音，是出水芙蓉上的一滴清露，还是岁月书卷中的一页温馨！

第三辑　你若盛开，清风自来

快活者，境随心转自安然

第9章
淡然于心,不悲不喜自从容

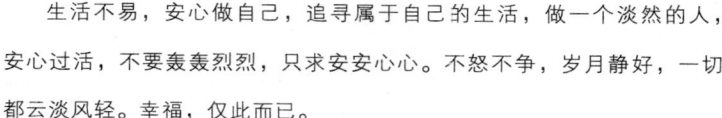

> 生活不易,安心做自己,追寻属于自己的生活,做一个淡然的人,安心过活,不要轰轰烈烈,只求安安心心。不怒不争,岁月静好,一切都云淡风轻。幸福,仅此而已。

1 清者自清,以忍灭嗔

做一名医生,学着宽广、包容。

我们几乎都有过遭人攻击的体会,比如,有人对你的相貌评价,"拿把尺量一下吧,离模特儿身材还差了好几寸!""你也不照照镜子,那副长相居然还有勇气活着?"又比如人们对你的能力的诽谤,"以他的能力,打死我也不相信他能胜任这份工作"、"怎么升得那么快?他是走后门了吧?"

面对以上诸如此类的攻击时，我们原来的心理平衡被打破，不免会情绪急躁，大动肝火，有时甚至会和别人争得面红耳赤，以眼还眼以牙还牙，结果呢？争辩只能是越抹越黑，让别人的看法左右自己；斗，则大多是两败俱伤，彼此间感情恶化，自己也很难有好心情，这又何必呢？

举一个真实的例子：美国佛罗里达州有一位年轻人本来各方面都很优秀，就是个性太好强、性格太固执。有一天，一个朋友说他没有能力，没有志气，只能靠父母养活，是一个"寄生虫"。这明显是一种攻击行为，这位年轻人一听极为愤怒，动手打了朋友，结果因故意伤人罪进了监狱。

因此，在面对别人的有意攻击时，我们与其情绪激动地反唇相讥，与人争斗，不如温和一点，宽容一点。坦然自若地去面对。这样既能维护好内心的平衡，又能和风细雨地化解矛盾，进而赢得别人的赞叹，何乐而不为？

从前，有一个叫吴智的人很瞧不起僧人，一次他在大街上恰好碰到了一位老和尚，于是便用尽各种方法讥讽、嘲笑老和尚，但是老和尚好像没听见似的，只是时常微微一笑，并不反击也不多言。

旁人都有些看不过去了，纷纷替老和尚抱不平，并不解地问老和尚为什么对于吴智的侮辱无动于衷，始终心平气和。老和尚轻轻一笑，回答道："他是病人，我是医生，我要笑着面对。我可以深深记得，他为什么情绪如此激烈……因为他所感受到的痛苦必然比我所感受到的他的愤怒来得百倍之多。"

老和尚顿了顿，对吴智说："你能够再说多一些吗？"

吴智一下子变得面红耳赤，灰溜溜地走了。

"他是病人，我是医生，我要笑着面对"。看到了吧，这就是老和尚的自解之道，这是一种精神胜利法。虽然我们不提倡将对方当做病人看待，但是一个心胸过于狭窄、性情过于偏私的人必是精神上出了毛病的人。"清者自清"、"身正不怕影子斜"，只要我们端正自己的心态，温和宽容地对待攻击者，那么不管别人怎么攻击，都影响不了我们的情绪，更左右不了我们的生活。

当心理工作做完后，你发现这个时候你已经能够正确看待对方是个"病人"的事实了，当他继续中伤你，你就微笑，微笑……文学大师拜伦说："爱我的我抱以叹息，恨我的我置之一笑。"他的这一"笑"，真是洒脱极了，有味极了。笑容通常被人们认为是不败的象征，在他人嘲讽、恶意中伤你时，笑容是唯一可以化解隔阂、使你立于不败之地的有力武器。

退一步说，有的人攻击你，很大程度上是因为你比他优秀，能力比他强，他之所以攻击你，是因为心理不平衡，"吃不到葡萄说葡萄酸"。因此，笑一笑，视若不见，充耳不闻，使这种攻击行为伤害不到你，拖不垮你，拉不倒你，挡不住你，做自己应该做的事情。他望尘莫及时，只能欣赏你。

由于工作出色，何姿进入公司不到三年就被领导提拔了，她从一个普通会计晋升为了财会小组长。遇到这样的好事情，何姿心里自然是美滋滋的，上下班路上都哼着小曲，但是很快这种好心情就被破坏了。

有一个同事心理不平衡，觉得自己是老员工，凭什么这么好的机会让资历尚浅的何姿"捡"了。于是，对何姿的态度尖刻了起来，说话很不客气，有时还带着"刺"："有些人爬得真快，也不想想是谁在给她垫着背"、"人家年轻人长得好看，悄悄抛一个媚眼，自然就能得到老板的宠爱"……

听到这些，何姿自然明白对方所指，她很是气愤，但是理智控制了情感。办公室就几个人，她也不想搞得很僵，毕竟还要来往，而且自己也要发展和进步。于是，每当同事再对自己风言风语时，何姿都是嫣然一笑，继续埋头工作。

就这样，何姿顶着被否定的心理压力，不断地提高自己、完善自己，工作成绩越来越好，又一次次得到了领导的表扬。时间久了，这位同事也觉得何姿的工作能力的确比自己高出不少，也便不好意思再说什么了。

把心放宽一点，学着不计较吧！清者自清，以忍灭嗔，用实力证明自己，表现得自己非常有涵养。而且，用温和宽容的态度来"迎战"对方强硬的攻击时，你会发现，别人任何的无理攻击与诽谤会在你的柔声细语之中无用武之地，如此也就能和风细雨地化解矛盾，换来心安神定的人生境界。

总之，别人的攻击实际上就是一个圈套，在面对的时候，学着宽广一点，包容一点，将对方看成是一个"病人"，心持"他是病人，我是医生，我要笑着"的观念，不因他人的无理取闹、荒唐攻击而乱方寸，也不为此大动干戈，努力做好自己的事情，我们就能赢得安心之道，活出真我风采。

2 守护甜心，抛弃仇恨

不要让自己的心"坐牢"。

古希腊神话里有这样一则名为"仇恨袋"的故事。

赫格立斯是一位非常勇猛的大神，他从来都是所向披靡，无人能敌。有一天，他行走在一条狭窄的山路上，突然一个趔趄险些摔倒。定睛一看，原来脚下躺着一只袋囊。他猛踢一脚，那只袋囊非但纹丝不动，反而气鼓鼓地膨胀起来。

赫格利斯恼怒了，挥起拳头又朝那个袋囊狠狠一击，但它依旧一动不动，还迅速地胀大着。赫格利斯暴跳如雷，拾起一根木棒朝它砸个不停，但袋囊却越来越大，最后将整个山道都堵得严严实实。

赫格利斯累得气喘吁吁，气急败坏地躺在地上。这时宙斯出现了，他淡然一笑，说："这个袋囊叫做'仇恨袋'。如果当初你不睬它，或者干脆绕开它，它就不会跟你过不去，也不至于把你的路给堵死了。"

纷繁复杂的都市生活里，我们时常会遇到"仇恨袋"，大至人生挫折，小至人际纠纷。普通人往往会像赫格利斯那样，一心想着对付"仇恨袋"，结果冤冤相报抚平不了心中的伤痕，只能将你与伤害你的人捆绑在无休止的报复战车上，让仇恨充斥内心，徒增痛苦，身心俱惫。

这里有一个著名的例子。

美国著名的建筑大王凯迪和飞机大王克拉奇曾经感情很好，凯迪有一个漂亮的女儿，而克拉奇有个年轻有为的儿子，于是两人不顾子女的强烈反对，撮合他们成了婚。遗憾的是，这两个年轻人的感情不好，经常吵架。后来，凯迪的女儿竟然不幸惨遭杀害，而据警方详细调查后，搜集来的证据都指向克拉奇的儿子。经过审判，法院作出判决，卡拉奇的儿子谋杀罪名成立，被判终身监禁。

令凯迪一家较为恼火的是，克拉奇的儿子在事实面前却从来不承认是自己杀害了凯迪的女儿，而克拉奇也极力为儿子的罪行拼命奔走上诉，又千方百计，拐弯抹角地不惜重金为凯迪一家做经济补偿，以求得凯迪能为儿子说情。而凯迪一想到自己惨死的女儿，就心痛难忍，痛斥克拉奇的儿子是罪有应得，埋怨自己当初看错了人，这令克拉奇很是恼火。自此，凯迪和克拉奇从秦晋之好变为了敌人，仇恨无情地笼罩在这两个名门望族，他们的内心得不到片刻的平静，再没有真正地快乐过。他们明争暗斗，结果双方谁也没得到好处，都损失惨重。

就这样一年又一年过去了，在痛苦折磨了他们20年之后，事情终于真相大白，凯迪女儿的死根本和克拉奇的儿子无关。这件事在美国激起了轩然大波。面对记者的采访凯迪与克拉奇不约而同都说了同样的话："20多年来，我们所受的心灵上的折磨是用任何金钱也支付不起的！"

仇恨面前谁都不肯让步，两个本来很要好的朋友厮杀了二十余年，不知他们的多少黑发变白发，也不知道仇恨夺走了多少属于他们的快乐，人的一生又有几个二十年呢？！试想这样的人，内心被仇恨所支配，怎么可能享有安心之美呢？仇恨严重地摧残了心灵，的确是用任何财富都支付不起的。

既然如此，我们何必固执地抱着仇恨，让仇恨折磨自己也折磨他人呢？不妨敞开胸怀，学着宽广一点，包容一点，心平气和地容纳世间的是非对错，温和包容人世间一切的喜怒哀乐吧。宽恕是一种对人对事包容、接纳的气度和胸怀，也是对仇恨最好的回应。英国哲学家培根曾说："报复的目的无非只是为了同冒犯你的人扯平，然而有度量原谅别人的冒犯，就使你比冒犯者的品质更好。"

恰在这一点上，南非前总统曼德拉的经历特别值得人们学习。

南非前总统曼德拉是南非的民族英雄，在被白人政府关押了27年之后出狱。1994年5月9日，曼德拉正式被国会选为总统，在宣誓就任总统的典礼上，他邀请了曾经看守他的3名狱警作为客人来参加典礼，并亲自向他们致敬！

此时，整个现场乃至世界都安静无声。毫无疑问，曼德拉的这一举动把人们惊呆了！因为谁都知道，这3名狱警在狱中不仅没有友好地对待他、照顾他，甚至还曾经想方设法地虐待过他。难道他不记得了吗？

在大家迷惑不解的目光中，这个饱经沧桑的历史老人发出了这样的感慨："当我走出囚室，迈过通往自由的监狱大门时，我已经清楚，如果自己不能把怨恨留在身后，那么我其实仍在狱中。"

曼德拉这一句深深的感慨，值得深思。换句话说就是：如果我们不能忘掉过去的仇恨，将其像当宝贝一样抱着，那么无异于终生住在无形的"心的牢狱"里，生命永远得不到解脱。曼德拉没有仇恨虐待自己的狱警，更以不计前嫌的态度对待他们，他宽广的胸怀有如光风霁月，令人敬佩。

放下仇恨，原谅他人，让自己多一分轻松，对方也会多一分感动和感激，正可谓"人心不是靠武力征服，而是靠爱征服的。"更何况，一个人如果连仇恨都可以放下，那么他还有什么不能放下的呢？生活中没有任何烦恼能够囚困其内心，如此也就能轻松获得从容与安然。

不让自己的心"坐牢"，这比什么都重要。

第三辑　你若盛开，清风自来
快活者，境随心转自安然

3 一半为生存，一半为攀比

山外青山楼外楼。

你买了一枚金戒指，我就要买一条金项链；你买 100 平方米的房子，我就要买 150 平方米的房子；你签了一份大订单，我就要拿下一张更大的单子；你升职为部门经理，我就要当级别更高的 CEO……留心一下，生活中这种"比阔"的现象随处可见。这样的事儿，你有没有做过？

从原始的意义上看，喜欢"比阔"，喜欢攀比未尝不是出于一种竞胜之心，可以激励一个人努力追求自己尚未达成的目标。但攀比之"陋"在于人们所比的总是那些最看得见、摸得着的东西，疏离精神价值，必然烦恼丛生。正如哲学家所说："生活之累，一半来源于生存，一半来源于攀比。"

玛丽是一位都市白领，婚后一直和丈夫租房住。后来一位朋友买了新房，玛丽眼红心动，和丈夫吵着闹着要买房。由于资金有限，两人精挑细选后在郊区定了一套二居室的房子。住自己的家自然舒适又方便，玛丽心中乐开了花。

但是没过多久，另一位好朋友也买了一套房。装修好后，朋友打电话让玛丽到家里参观。朋友的房子地段好，而且房子还很大，里面装修也很高档，玛丽原本买到房的好心情被朋友"更好"的房子给冲击掉了。

再回到家，玛丽怎么看都觉得自己的房子不够好，再也没有舒适、方便的感觉了，后来她又劝丈夫"重新动动"，要在市区买房，而且还偏要和那位朋友住同一栋楼，夫妻俩为此整日口舌之磨、身心之疲，好好的家庭从此变得鸡犬不宁。

这就是攀比心理作祟的后果！攀比，把自己的生活重心放在别人身上，将幸福建立在与他人比较的基础之上，只要尝试过一次"更好"的滋味，就想寻求到更多的"更好"。有道是"山外青山楼外楼"，别人那里总有"更好"的，于是自己所得到的变得毫无生机和意义，这是一个多么傻的决定。

幸好，人是能够主导自己的。面对自己和别人的差距，假如我们能够摆正自己的心态，学着不计较，就能很大程度上减少内心的不平衡感，获得内心的满足感。要知道，每个人都是一个完全不同的个体，人与人之间的差异永远存在，因此根本不具可比性，比或被比，都不是寻找这种美好生活的正确途径。

更何况，凡事就像一个硬币，有正的一面，就要有反的一面。生活也不例外，它是公平的，你得到了什么，都要以另一种方式付出代价。所谓"家家都有一本难念的经"，正是这个道理。别人的房子好，花的钱也会多，付出的辛苦也自然就越多，那就让他"更好"吧！自己不想太累，不想背负太重的经济负担，买一个舒适的就好，自己享受自己当下的惬意生活，有什么好比较的呢？

清朝郑板桥做官前后均居扬州，以书画营生，他在《道情》中写道："门前仆从雄如虎，陌上旌旗去似龙，一朝势落成春梦，倒不如，蓬门僻巷，教几个，小小蒙童。"这句话正是警戒我们：何必羡慕别人一时的幸运与眼前的煊赫，要知道，那种虚荣是不会久长的，还不如教书清高！

所以，当我们心情烦躁的时候，请自觉地自问一下：自己是否正处于比较后不平衡的心理状态下？如果是，请赶紧远离这种比较。与其攀比别人，不如汲取一些别人的成功经验，内化为自己的优秀品质，尽最大的努力过好自己的生活。你会发现，你的生活充满了愉悦、安然和幸福的味道。

L 小姐和 M 小姐是同窗好友，L 小姐的能力及家世都好，步入社会后事业一帆风顺，短短几年就位居某公司经理，有房有车，意气风发不可一世；而 M 小姐虽有才能，不知是努力不够还是运气较差，几年下来工作始终不如意。

M 小姐一度眼红 L 小姐的优秀，心里不免有股怨气："哼，以后我要买比你更大的房子"、"买比你更高级的车子"、"我要比你更有出息"……但是，很快 M 小姐发现这种攀比的生活方式一点也不快乐，于是她开始调整自己的心态："我的房子不大，但温馨就好；我的工作平凡，但找到自己的价值就好……"、"L 小姐的生活虽然值得羡慕，但这些都是她一步步奋斗出来的。"

之后，M小姐不再与L小姐攀比，而是开始安心地做自己的工作，并努力培养自己的实力。她对于工作极其认真，稳扎稳打，最终凭借多年累积的经验、实力及资源，M小姐获得了施展的空间，事业渐入佳境。

看到了吧，幸福是属于自己的事儿，从来就好端端地在那里，不增也不减。保持平和的心态，知道自己想要什么，不和别人攀比，尽自己所能，无愧于社会、无愧于他人、无愧于自己，那么，我们的心灵圣地就一定会阳光灿烂，鲜花盛开。这是一种生活的智慧，也是一种生活的姿态。

如果你真的想比较，那么不妨与那些不如我们的人相比。美国作家亨利·曼肯说过："如果你想幸福，有一件事非常简单，就是与那些不如你的人，比你更穷、房子更小、车子更破的人相比，你的幸福感就会增加。"

4　百合，玫瑰

每个人都是一朵娇艳的花。

有这么一则寓言。

猪说假如让我再活一次，我要做一头牛，工作虽然累点但名声好啊；牛说，假如让我再活一次，我要做一头猪，吃罢睡，睡罢吃，活得赛神仙；鹰说，假如让我再活一次，我要做一只鸡，渴有水，饿有米，住有房，还受人保护；鸡说，假如让我再活一次，我要做一只鹰，可以遨游天空，云游四海。

这是很有意思的一种现象，可谓风景在别处。现实生活中，不少都市人士总是不由自主地羡慕别人所拥有的东西，小孩仰慕大人的成熟稳重，大人顾念孩子的清纯率真；女孩羡慕男孩坚强豪放，男孩也会偷偷羡慕女孩的娇嗔灵动……

殊不知，每个人在这个世界中都是一朵独一无二的花朵。每一朵鲜花都有自己独特的姿态展现在人们的面前。如果你拥有一朵百合，那么就不必羡慕玫瑰。的确，玫瑰有玫瑰的娇艳，但百合也有百合的清淡，两者没有根本的可比之处，两者都是可爱的，没有必要互相羡慕，不是吗？

更何况，每个人都不是如我们想象的那么美好，不如我们眼中看到的那么光鲜。每个人都是在理想和现实的差距中努力、挣扎、痛苦着，又都不愿让别人看到自己弱的一面，不愿让人觉得自己活得比别人差，所以展示在别人面前的大多只是虚华的一面。要是你和别人能够互换一下的话，会不会就真的快乐了呢？未必！

在河的两岸分别住着一个和尚与一个农夫，和尚每天看农夫日出而作日落而息，生活非常充实，相当羡慕。而农夫看和尚每天无忧无虑地诵经敲钟，生活轻松，也非常向往。因此，他们心中产生了一个念头："到对岸去！换个新生活！"有一天他们商量一番，达成了交换身份的协议。

当农夫做上了和尚后，才发现敲钟诵经的工作看起来悠闲，事实上却非常烦琐，每个步骤都不能遗漏。更重要的是，僧侣生活非常枯燥乏味，让他觉得无所适从；而成为农夫的和尚每天除了耕地除草之外，还要应付俗世的烦扰与困惑，这让他苦不堪言。于是，他们的心中同时响起了另一个声音："回去吧！"

人们常说：没有得到的，就是最好的。很多人也抱着这种心理，其实这完全是人的心理作用，当梦醒的时候，就会发现自己的才是最好的。而且，我们在羡慕别人的时候，自己也是别人眼中的风景。如此看来，我们真的没有必要去羡慕别人，而应该感谢上天所赐予自己的一切。

静下心来吧，摆正自己的心态，多关注一下自己，学会理性地分析生活，以积极的心态迎接自己所拥有的，用欣赏的眼光享受当下的美景。你会发现，自己原来如此的富足，进而获得心灵上的快乐和满足。

黄美廉生下来不久就被诊断出患有脑性麻痹，全身不能正常活动，肢体没有平衡感，手足时常乱动，口齿吐字不清。就是这样一个人，却靠着无比的毅力与信仰的扶持，拿到了美国南加州大学艺术博士学位。黄美廉还在台湾开过多次画展，并到处用她自己的事例，现身说法，帮助他人。

有一次，黄美廉应邀到一个场合"演写"（不能讲话的她，必须以笔代口），会后发问时，一个学生当众小声地问："你从小就长成这个样子，请问你怎么看你自己？你都没有怨恨吗？"对一位身有残疾的女士来说，这个问题是那样的尖锐而苛刻，在场人士无不捏一把冷汗，生怕会深深刺伤了黄美廉的心。

但是，黄美廉却不介意，只见她回过头，用粉笔在黑板上吃力地写下了"我怎么看自己？"这几个大字。她笑着再回头看了看大家后，又转过身去继续写着：

1. 我好可爱！
2. 我的腿很长很美！
3. 爸爸妈妈这么爱我！
4. 上帝这么爱我！
5. 我会画画！我会写稿！
6. 我有只可爱的猫！
7. 还有……

忽然,室内鸦雀无声。黄美廉又回过头来静静地看着大家,再回过头去,在黑板上写下了她的结论:"我只看我所有的,不看我所没有的。"众人安静了几秒钟后,一下子,全场响起了如雷般的掌声。

在旁人看来,黄美廉是那么不幸的一个人,为什么她却一点也没有觉得自己不幸呢?一句话可以解开其中的奥秘——"我只看我所有的,不看我所没有的。"正因为她从来不羡慕别人的生活,只关注自己所拥有的,生活在自己的天地里,才能不受外界的干扰干自己的事,也才能取得如此显著的成就。

"玫瑰就是玫瑰,百合就是百合,只要去看,不要攀比。"不要再去羡慕别人如何如何,好好算算上天给你的恩典,接受它,且善待它,守住自己所拥有的,并用适当的方式来告诉人们"我活得很好",这是一种乐观而自信的心态。

不去羡慕别人,你的内心将变得豁达开朗,通达畅快;不去羡慕别人,你的日子就会变得悠然平静,从容不迫;不去羡慕别人,你才会找到自己的生活,过好你自己的日子。无论你是玫瑰还是百合,不必羡慕别人的美丽,用心地做好自己,终会有花团锦簇、香气四溢的一天。

5　站出独特的姿态

上苍赐予你的独一无二。

每一个生命都以独特的姿态存在着，展示着自己独特的个性，彰显着自身独有的意义。然而，有些人却不懂得这个道理，他们亦步亦趋地效仿他人，希望自己能生活得像别人，结果呢？只会失去自己，得不偿失。

东施效颦的故事，我们大多都听说过。

春秋时代，越国之女西施美貌倾城。无论是她的举手投足，还是她的一颦一笑，样样都惹人喜爱，不管走到哪里都有很多人向她行注目礼。西施的邻居是一个名叫东施的丑女子，她相貌难看，却一天到晚做着当美女的梦。无论是在衣服方面，还是发式方面，她总是刻意地模仿西施，但是仍然没人说她漂亮。

西施患有心口疼的毛病，一天她的病又犯了，只见她手捂胸口，双眉皱起，反而流露出一种娇媚柔弱的女性美，更加楚楚动人了。当她从乡间走过的时候，乡里人无不睁大眼睛注视。见此，东施便学着西施的样子，但是手捂胸口的矫揉造作使她更难看了，人们看到她就像见了瘟神一般，远远地躲开了。

东施效颦为什么不惹人喜欢，惹人讨厌，就是因为她盲目效仿，把西施的形象生硬地搬到自己身上。或许东施本来不丑陋，但她因为扭曲自己的个性，一味地去模仿别人，丧失自我，惺惺作态，矫揉造作，终于搞成了一个什么都不是的丑女。

现代社会日新月异，快速的节奏和巨大的生活压力，使得很多人心变得迷茫，目标变得混乱，不知道自己是谁了。于是，一大批的现代"东施"出现了，他们盲目崇拜，简单模仿，喜欢跟风，就像墙头的轻草一样，哪里风大哪里倒，一点自己的主见都没有，人云亦云，堪比附庸。

盲目地模仿别人，表面上看起来只是个人的性格问题，其实它会给你的生活、事业套上无形的枷锁。因为，你失去了信心，失去了用自己的头脑思索问题并作出人生抉择的能力，必定会失去自我，正如卡耐基的一句话："整日装在别人套子里的人，终究有一天会发现，自己已变得面目全非了！"

事实上，我们谁都是有自我价值和社会价值的，谁都有自己的独特特点。正如阿伦·舒恩费教授所说："对于这个世界来说，你是全新的，以前从没有过，从天地诞生那一刻一直到现在，都没有一个人跟你完全一样，以后也不会有，永远不可能再出现一个跟你完完全全一样的人。"

物有贵贱之别，人有美丑之分。上天造人各不同，人既有独特性，也有差异性，这是大自然的法则，也是大自然的规律。更重要的是，这种差异性也是大千世界丰富多彩之所在。倘若天下万物都是一般模样，人间大众都是一个形状，那么这个世界岂不是死气沉沉，如同朽木一般。

所以我们应该庆幸，我们是这个世界上独一无二的个体，我们有着其他人不具备的天赋和能力。所以，我们完全没有必要去羡慕别人，去嫉妒别人，更没有必要去模仿别人。所以，我们要保持自我，完善自我。只有如此，我们才能够活出一个真实的自我，捍卫自己独一无二的地位。

对于这个道理，库莎历尽波折才明白。

库莎的妈妈很守旧，她认为库莎一定要像自己一样贤惠，做一个传统意义上的家庭主妇。所以，库莎一直在跟着妈妈学习穿衣打扮，社交艺术但她总是觉得自己是不被人喜欢的。后来，库莎嫁给了一个比自己年长几岁的男人。婆家是个平稳而自信的家庭，他们的一切优点在她身上似乎都无法找到。库莎总想尽可能地做得像他们一样好，但她就是做不到，不是表现得太活跃，就是感到无比沮丧。她认定自己是个失败者，变得喜怒无常，甚至想到了自杀……

但是，库莎没有自杀，她反倒真的像变了一个人。这一切，都源于她与婆婆一次偶然间的谈话。婆婆谈到自己带孩子的经历时，对库莎说道："无论发生什么事，我都让他们坚持做自己。""坚持做自己"——终于，库莎从困境中明白过来，原来自己一直都在勉强自己去做一个自己并不大适应的角色。

看到了吧，库莎刚开始之所以活得不够坦然，就是因为她从小跟着妈妈学习穿衣打扮、社交艺术，后来又总想尽可能地像婆家人一样，一直在做自己并不大适应的角色。之后她坚持做自己的一系列表现，都是强化自我价值的举动，当她找到自我价值时，她的自信自然就有了，生活也就安然了。

你就是你，没人能够代替你，你也无法替代别人。即便你模仿得很像，那也是别人的荣誉，而不是你的。只有充分认识到自己独一无二的地位，才有可能获得最大程度上的信心，进而活出一个真实的自我。"天生我材必有用"、"吾辈岂是蓬蒿人"等千古名句阐释的也正是"人各有才，坚持自我"的道理。

相信自己就是最棒的，敢于展示真实的自己，而不是刻意地去模仿别人。也许你没有漂亮的脸蛋，但是你有优美的嗓音；也许你没有窈窕的身材，但是你有一颗善良的心灵。总之你是独一无二的，是无可替代的。尊重上苍给你的才能，这才是真正适合你的，也才是只属于你的美丽！

6　内心淡然而定，坦然自若

要拥有"石佛"的定力。

生活中，我们常常会不自觉地在乎别人的眼光，为了得到别人的满意我们可谓费尽心机：猜测别人的想法，猜想别人的评判……并小心翼翼地行事，唯恐别人指责。以别人的标准来衡量自己的人，无非是想通过听取别人的意见来获得更为和谐、更为良好的人际关系，这本无可厚非。

但是，你要知道，每个人的利益是不一致的，每个人的主观感受也是不同的，即使我们千般小心万般在意，也照样会有人不满意，难以赢得所有人的欣赏。如果为此费尽心机，小心翼翼地行事，很容易搅乱自己的心，失去应有的目标和方向。如此没有自我的生活是索然无味的，苦不堪言的。

有这样一个公司职员，他一心一意想升官发财，可是从风华正茂熬到斑斑白发，却还只是一个不起眼的小小公务员。这个人整天都郁郁寡欢，每次想起自己的一生就掉泪，有一天竟然号啕大哭起来。

一位新同事刚来办公室工作，觉得很奇怪，便问他到底为何如此难过。

他回答道："唉，你有所不知。年轻的时候，我的上司爱好文学，我便学着作诗、学写文章，想不到刚觉得有点小成绩了，却又换了一位爱好科学的上司。我赶紧开始研究物理，不料上司嫌我学历太浅，还是不重用我。后来，换了现在这位上司，我自认文武兼备，人也老成了，谁知上司喜欢青年才俊，我……"

"我一直想得到上司的欣赏和重用，为上司们活了一辈子，但是……"说着，这个人又禁不住地哭泣起来，"如今我年龄渐高，过不了几年就要退休了，但是却一事无成，你说我怎么不难过？"

这位职员因为在乎每一位上司的眼光，处心积虑地为每一位上司而活，一段时间学作诗写文，一段时间研究物理……到最终还是没有获得重用，得到的只是懊恼和羞愧。即便他最后获得了上司的重用，他的心也是不得轻松、没有快乐感的，因为他已经根本不清楚自己内心的真正追求。

更何况，在日常生活中，总有那么一些人自己不做事，别人做事还不舒服，"恨人有，笑人无"。你不做事，他说你没能耐；你做事，他说你逞能；你搞经济，他说你不懂政治；你不喜欢赌博，他说你性格孤僻、脱离群众。好也不是，坏也不是，那张嘴反正都是理，这是人性中的弱点。

所以，对于别人的评论，我们应当学会释然。无论是在哪种场合，无论我们是否美若天仙，我们都不必活在别人的世界，处处担心别人怎么想自己，怎么看待自己，而应该在意自己想什么，安心怎样做好自己。当你懂得了这种释然，你就会体会到什么才是真实的、无忧无虑的生活。

一天，一位妇人到服装专卖店，花了几百元买了一套名牌内衣。有人问她，买这么高档的内衣穿在里面，别人又看不到岂不可惜？她淡淡地回答，"我穿衣服是为了自己舒服，自己高兴，又不是给别人看的。"

"我穿衣服是为了自己舒服，自己高兴，又不是给别人看的。"只要自己穿着舒服，穿得舒心，完全没有必要在乎别人的眼光，计较别人的看法。内心淡然而定，坦然自若，安心做好自己，这种定力是相当重要的。

蒂姆·邓肯是 NBA 史上的第一前锋，现在是美国马刺队的当家球星，他有一个绰号叫做"石佛"。人们之所以叫他"石佛"，一是他的表情总是严肃冷峻的，二是他总是处事不惊，坚持自己的追求，而不在乎别人说什么，因此在赛场上发挥稳定、少有起伏也正是邓肯最大的特点。

有段时间，美国各篮球俱乐部进行全国总决赛，由于缺少了湖人大腕球星的身影，电视收视率大幅下降。有记者提问马刺是不是"收视毒药"，邓肯并不在意，"我们不在乎这个，马刺队一心只想赢球。拿下总冠军，这才是最重要的。我的目标就是获胜，至于其他的，随别人怎么想。"

有人指责邓肯的球风过于朴素、性格太过沉闷、赛场毫无激情可言，但这丝毫不影响邓肯的士气和信心，他指出："我只是在按照正确的方式打球，我只是每年接受挑战，我不需要引起别人的注意"。十几年如一日，他兢兢业业、勤勤恳恳、任劳任怨，低调而且沉稳，最终用自己的努力证明了自己的能力。

"随别人怎么想！"这句话说得真好，还有一句话说："20 岁时，我们顾虑别人对我们的想法。40 岁时，我们不理会别人对我们的想法。60 岁时，我们发现别人根本就没有想到我们。"这并非一种消极态度，因为大多数人都有自己的事情要做，并没有多少时间把注意力集中在我们身上。

比如，你在大街上当众不小心摔了一跤，惹得路人哈哈大笑。你当时一定很尴尬，认为全天下的人都在看着你。但是你如果站在别人的角度考虑一下，就会发现，其实这件事只是他们生活中的一个小插曲，甚至有时连插曲都算不上，他们顶多哈哈一笑，然后就把这件事忘记了。

记住，唯有你才是自己的主人，也唯有你对自己的人生有决定权。不必在意别人冷漠的表情、窃窃私语；不必费心去猜测、琢磨别人怎样评价你，安心地做好自己，让心灵自在飞翔，生活也就跟着轻松了、愉悦了。

第三辑　你若盛开，清风自来
快活者，境随心转自安然

7　你就是最好的

每天都要对自己说："我是第一。"

"嗨，我算老几呀？"我们不难听到这样一句发自肺腑的话。在这些说话人的心中，站在自己前面的人太多了，自己真的不知道是第几。尤其是看到那些光鲜亮丽的人，总觉得自己如丑小鸭一般，绝不可能有成功的机会。可是，你想过没有——一个连自己都不知道是第几的人，又有谁会看重他呢？

事实上，看轻自己的人，无论对待什么事情都没有自信，这等于藐视自己的能力，这也是对自己的一种"侮辱"。因为，这个世界上不存在绝对不可能的事情，能否成功，关键在于是否能够爆发自身潜能。如果你希望活得快乐，活得安然，就要学会相信自己，相信自己就是第一！

看一下下面这个故事，相信你会明白为什么自信那么重要。

小时候，基安勒随父母移居到美国，由于家境贫困，从此他也过起了悲惨的童年生活，痛苦和自卑也成为他的不良的印痕。有一天，他忍不住质问父亲为什么他们会这么穷，他那碌碌无为的父亲告诉他："认命吧，孩子，你将一事无成。"这个说法令他十分沮丧，他不知道自己的出路在何方。直到有一天，母亲告诉基安勒："你要永远记住，世界上没有谁跟你一样，你是独一无二的。"母亲的话燃起了基安勒心底的希望之火。从此，他认定自己就是第一，没人比得上他。

当第一次去应聘时，基安勒没有交出自己的名片或者简历，而是递上一张黑桃 A。黑桃 A 在他们的国家代表了最大和最强。当时，老总怔了一下，然后直盯着他的眼睛，问他："你是黑桃 A？"

"没错。我就是黑桃 A！"基安勒也注视着老总的眼睛。

"为什么是黑桃 A？"老总的目光有些咄咄逼人了。

"因为黑桃 A 代表第一，而我刚好是第一。"基安勒迎着老总的目光，毫不回避。

就这样，基安勒就被录用了。

之后，基安勒每天睡觉前都要重复几遍说："我是第一，我是第一。"日复一日，这种鼓舞性的暗示坚定了他的信念和勇气。他成功了，而且是真正的世界第一。他一年推销 1425 辆车，创造了吉尼斯世界纪录。

基安勒为什么能够从一个默默无闻的人一跃而为吉尼斯世界纪录创造者，秘诀就在于自信，是自信贯穿于他的事业，奠定了他成功的基础。你敢不敢像基安勒那样对别人大声地说"没错，我就是黑桃 A"、"我是第一"？

分析许多都市人士失败的原因，不是因为天时不利，也不是因为能力不济，而是因为自我心虚，怀疑自己的能力，总觉得自己这也不是，那也不行。马克思说:"伟大人物之所以看起来伟大,只是因为我们自己在跪着看他。站起来吧!"自卑正是使你下跪的原因,而跪着的你,并不是你真正的高度。

是啊,站起来吧!不论出身优劣,才干大小,天资高低,成功都取决于坚定的自信心。无论何时,相信自己的能力,相信自己最棒,相信"我是黑桃A"!不管能否成为现实,在意识里播种"我是第一"的信心,这样,我们的个性就会真正成熟起来,我们的能力就能得到最大限度的发挥。

世界上本没有什么依仗魔力便获得成功的人,谁也不是天生的伟人。开始时,其实所有人都在同一条起跑线上,只是那些成功的人总是愿意相信自己,先坚定自己必胜的信心,并主动展现自己的能力,最终取得辉煌的成就。这正印证了爱默生的一句名言:"相信自己'能',便攻无不克。"

从20世纪初开始,无数人都渴望完成一个看似不可能完成的目标:在4分钟内跑完1英里。1945年,瑞典人根德尔·哈格跑出4分01秒04的成绩,此后的八年里没有人能够超越他创下的成绩,而且所有人都认为自己做不到。

在这沉寂的八年中,就读于牛津医学院的罗杰·巴尼斯特却始终梦想着突破四分钟极限,他是个不服输的人,也坚信自己能够做到,他不停地提高跑步速度。终于在1954年,罗杰·巴尼斯特超出了所有人的意料,跑出了3分59秒04的成绩,打破了关于"极限"的这个概念,书写了新的世界纪录。

面对8年无人打破的"极限",巴尼斯特与常人不同的是,他多了一分"我能够成功"的积极信念,这促使他不停地提高跑步速度,最终得偿所愿。试想,如果巴尼斯特内心的信念是虚弱的,潜意识中认为自己不行,无法超越纪录,那么即便他具备了能力,恐怕也会因为不自信而真的不行。

当然,"我是黑桃A"不是夜郎自大、得意忘形,更不是毫无根据地自以为是或盲目乐观,而是指:在无人为你鼓掌的时候,给自己一点鼓励;在无人安慰自己的时候,为自己擦掉泪滴;在自惭形秽的时候,给自己一点自信。认识到自己的价值,就不会随意地贬低自己,也不会感到压力重重。

下次,假如有人问你:"你是不是第一?"你该怎样回答?如果你渴望成功,并且意识到需要在头脑中播种争当第一的信念,就回答:"当然是第一!"为什么一定是第一呢?很简单,因为你本来就是第一。在心里多念几次,慢慢地你定会发现,自己真的很棒了!人生也变得更美好!

第三辑 你若盛开,清风自来
快活者,境随心转自安然

8　追逐自己的尾巴

你就是主演。

什么是最成功的人生呢？这个概念实在过于抽象。但唯有一点是必须坚信不疑的，那就是，成功的人生并不在于你获得了多少东西，也不在于你一定要做得比谁更好，而在于你必须要做好自己，体现出自己的人生价值。

下面这则寓言也许能说明问题。

一只大猫看到一只小猫在追逐它自己的尾巴，于是问："你为什么要追逐自己的尾巴呢？"小猫回答说："我听说，对于一只猫来说，最好的东西便是幸福，而幸福就是我的尾巴。因此，我要追逐我的尾巴，一旦我追逐到了它，我就会拥有幸福。"

"傻孩子，"大猫说："在年轻的时候，我也曾经认为幸福就在尾巴上。但后来我发现，无论我什么时候去追逐，它总是逃离我，于是我放弃了。结果呢？当我着手做自己的事情的时候，才发觉无论我去哪里，它都会跟在我后面。"

看到了吧，获得幸福的最有效的方式就是避免去追逐它，不向别人要求它。或许，你现在做得不够好，觉得自己与成功还有千里之遥；或许，你现在做得很好，觉得自己还想再做得更好。但是，不如自己也好，超越自己也好，成功的标准不高也不低，它只需要你做好自己。

的确，戏剧小人生，人生大舞台。每个人，都是人生舞台上的演员。每个人，都是在人生舞台上扮演自己的演员。无论你是光彩照人的大人物，还是默默无闻的小人物，这些都不是重要的，重要的是你要演好自己。只要你发挥了自己最大的优势，就能让自己精彩，给人留有印象。

莉莎今年只有8岁，非常热爱表演。有一天，学校要排演一个大型的话剧"圣诞前夜"。莉莎感觉到自己的机会就要来了。在爸爸妈妈的鼓励下，莉莎走进了面试的地点。她原本以为，自己会成为主角，然而令她没想到的是，自己却只是扮演一只小狗。回到家，莉莎无比失望，连晚饭也不想吃。

妈妈看到莉莎的这个样子，心里也很难受，便和她聊天："莉莎，你得到了一个角色，不是吗？"莉莎红着眼："妈妈，你别安慰我了，我只能演条狗，只好汪汪叫！"妈妈看着她，严肃地说："你为什么会有这种想法？其实，你不要看不起这个角色，你完全可以用主演的心态去演戏。你只有投入进去，才能够演好，即使角色只是一只狗，你也可以成为主演。只要拥有主演的心态，你就是主演。"莉莎听了妈妈的话，一个人对着镜子喃喃自语："对啊，其实我需要的是一个上台的机会，而不是一定要当主角！那只小狗狗，我不该看不起你的，毕竟你就是我。"

从这以后，莉莎再没抱怨过什么，全身心地投入到排练之中。很快圣诞节到来了，尽管莉莎不是主角，可是她用心地表演，赢得了所有人的掌声。甚至，她的精彩已经盖过了主角，所有人都被她那精彩的演技折服了。那个夜晚，几乎所有的人都记住了那只汪汪叫的"小狗"，莉莎激动得热泪盈眶。

虽然扮演的只是一只汪汪叫的小狗，但是莉莎用心的表演，赢得了所有人的掌声。生活中，如果我们像莉莎那样努力，带着主演的心情去生活，把自己当成是主演，那么我们就会发现——其实自己正是那个羡慕已久的主演。

有的人一生也没有挣到房屋数栋，一辈子也没有拥有过香车美女。但是，他们一直安安心心地做自己，体现出了自己的人生价值，在回忆此生之时觉得不怨不悔，自己的口碑极好。这不也算是一种成功吗？他们没有在金钱、权力上有所收获，但他们收获的是整个人生。

卡耐基曾经说过一段耐人寻味的话："发现你自己，你就是你。记住，地球上没有和你一样的人……在这个世界上，你是一种独特的存在。你只能以自己的方式歌唱，只能以自己的方式绘画。不论好坏与否，你只能耕耘自己的小园地；不论好坏与否，你只能在生命的乐章中奏出自己的发音符。"

人每天奔波在繁华都市中，所追求的应当是自我价值的实现以及自我珍惜。所以，我们不该为自己是他人眼中的主角就扬扬得意；也不要为别人的轰轰烈烈而无地自容；更不要为自己的平平常常而妄自菲薄。你就是自己人生的主角,只要能够尽心演好自己的角色,就是一种快乐,就是一种成功!

农民是幸福的,因为沉甸甸的稻穗;
工人是幸福的,因为飞溅的钢花;
园丁是幸福的,因为绽放的花朵;
演好自己的角色,生命就不会白费。

第三辑 你若盛开,清风自来
快活者,境随心转自安然